農環研シリーズ

# 遺伝子組換え作物の生態系への影響

独立行政法人 農業環境技術研究所編

—2003—

東 京
株式会社
養 賢 堂 発 行

# 序

近年，分子生物学の急速な進展にともなって，微生物から高等動植物に至る様々な遺伝子組換え生物が作出されている．遺伝子組換え作物は，増大する世界人口を養うために作物生産を飛躍的に向上させる技術の切り札として期待され，わが国においても研究開発に力が注がれている．現在，殺虫性タンパク質遺伝子や除草剤耐性遺伝子を導入した作物が米国を中心として，カナダ，アルゼンチンなどで栽培されている．これらの組換え作物の利用によって，有害生物による被害が軽減し，収益の増加や省力化が促進されているところから生産者に受け入れられ，1996 年以降急速に作付け面積が拡大し，2000 年には世界全体で 4,300 万 ha に達している．

このように，組換え作物は減農薬や省エネルギーなど環境負荷の軽減も含め大きな利点があるものの，その栽培面積の急速な拡大に伴い，市民の一部から環境への安全性に対する懸念が持たれるようになった．すなわち，雑草化や野生植物への遺伝子拡散，有害物質の産生・放出等による生態系への影響に対する疑念である．1999 年，米国で人々に親しまれているオオカバマダラという名のチョウの幼虫が，Bt 組換えトウモロコシの花粉の載った食草を摂食すると死亡するという報告があり，新しいタイプの環境影響として世界的に波紋が投げかけられた．この問題を契機として，わが国でも農環研が中心になって，Bt 組換えトウモロコシの花粉が非標的鱗翅目昆虫に及ぼす影響評価に関する緊急調査を実施した．その成果は，組換え作物の環境影響評価項目の策定に用いられた．有用な組換え作物の栽培を進めていくためには，食料，飼料としての安全性に留まらず，生態系への様々な影響について多角的な研究を行い，その基礎の上に総合的な評価を実施し，生態系への安全を事前に確認することが求められる．

先進各国では，遺伝子組換え作物の環境影響などに関する安全性確認のための法令による規制およびガイドラインを設けている．また，遺伝子組換え生物の国境を越える移動に先立ち，輸入国が生物多様性の保全などへの影響を評価し，輸入の可否を決定する手続きなどを取り決めた国際的枠組「バイオセーフティに関するカルタヘナ議定書」が2000年1月に採択された．日本国内でもこの議定書に沿って国内措置の検討が行われており，今後，組換え作物などの環境影響評価法の国際的協調と国内でのリスク評価基準の策定が進展するであろう．

今後，世界的に遺伝子の構造と機能が一層解明されてゆくことから，組換え作物の開発がますます進展し，利用される遺伝子や対象作物の範囲も拡大するものと思われる．それに伴って，組換え作物と生態系との関わり方もより多様になることが予想される．例えば，現在普及段階にある害虫や雑草対策としての組換え作物の他に，各種の病害抵抗性，環境ストレス耐性，環境修復機能を付与した組換え植物などの開発が進められていることから，今後，新たな環境影響評価のあり方や評価方法を見据えた基礎研究がますます重要性を増すと考えられる．

本書は，上記のような背景から，2000年11月に農業環境技術研究所で開催された農業環境シンポジウム「遺伝子組換え作物の生態系への影響評価研究」の内容をもとにまとめたものである．遺伝子組換え作物の環境影響研究についての動向を理解する上で役立てていただければ幸いである．最後に，シンポジウムでの講演および本書の執筆にご協力いただいた方々に感謝申し上げる．

2003年1月

（独）農業環境技術研究所　理事長　陽　捷行

# 目　次

## Ⅰ. 遺伝子組換え作物の栽培状況と環境影響問題……(三田村　強) 1

1. 遺伝子組換え作物生産の現状と問題点 …………………………………… 1
2. 海外における遺伝子組換え生物に関する
   規制・規則についての経緯と概要 ……………………………………… 3
   2.1 OECD ……………………………………………………………… 3
   2.2 米　国……………………………………………………………… 4
   2.3 EU………………………………………………………………… 5
3. わが国における組換え作物の安全性評価の手続き ……………………… 5
4. 組換え作物の栽培ならびに開発動向 ……………………………………… 7
5. 組換え作物栽培に伴う環境影響に関する研究課題 ……………………… 9
   5.1 組換え作物そのものの問題……………………………………………10
   5.2 組換え作物栽培に伴なって生じる二次的問題 ………………………13
6. おわりに ………………………………………………………………………15

## Ⅱ. 害虫抵抗性作物が産生する物質と昆虫との相互作用……………………(斉藤　修) 20

1. はじめに ………………………………………………………………………20
2. 害虫抵抗性遺伝子導入作物の種類とその作用 ……………………………20
   2.1 害虫抵抗性遺伝子導入作物の種類……………………………………20
   2.2 Bt トキシンの種類とその作用 ………………………………………21
3. 害虫抵抗性作物が産生する物質が昆虫に与える影響 ……………………24
   3.1 標的昆虫への影響（意図された効果)…………………………………24
   3.2 非標的昆虫への影響（意図しなかった影響)…………………………25
4. 害虫抵抗性作物が産生する物質に対する昆虫の反応 ……………………29
   4.1 昆虫の反応 ……………………………………………………………29
   4.2 作物が産生する物質に対する害虫の抵抗性発達……………………29

4.3 害虫抵抗性物質導入作物の圃場生態系への影響……………………………30
5. おわりに ……………………………………………………………………31

Ⅲ. 農業環境技術研究所におけるBtトウモロコシ緊急調査……34
1. 緊急調査の経緯と成果の利用 ……………………（松尾和人・松井正春）34
2. トウモロコシ花粉の飛散と堆積状況 ………………………（松尾和人）38
2.1 トウモロコシの花粉飛散期間と花粉数の日変動……………………………39
2.2 圃場からの距離と花粉数との関係……………………………………………41
2.3 天候と花粉の流出 ……………………………………………………………44
2.4 花粉の飛散距離と落下花粉総数の分布 ……………………………………44
3. トウモロコシ花粉の飛散モデルの作成 ……………………（川島茂人）46
3.1 花粉飛散量は気象条件で大きく変化する……………………………………46
3.2 モデルの概要……………………………………………………………………47
3.3 モデルの再現性…………………………………………………………………48
3.4 まとめ……………………………………………………………………………51
4. Bt組換えトウモロコシ花粉中のBtトキシンの検出……………………52
4.1 免疫化学的検出 ……………………………………………………（大津和久）52
4.2 生物検定による検出………………………………………（松井正春・斉藤　修）55
5. わが国における鱗翅目のレッドリスト掲載種への
Btトウモロコシ花粉の影響評価 ……（山本勝利・大黒俊哉・松村　雄）62
5.1 はじめに…………………………………………………………………………62
5.2 調査の方法 ……………………………………………………………………62
5.3 結　果……………………………………………………………………………63
5.4 考察と今後の課題 ……………………………………………………………80
6. 要　約 …………………………………………………（松尾和人・松井正春）81
（参考）米国におけるBtトウモロコシ花粉のオオカバマダラ
などへの影響評価…………………………………………………（松井正春）83

Ⅳ. ナタネを例とした他花受精を介した組換え遺伝子の
拡散についての考察……………（山根精一郎・柏原洋司・眞鍋忠久）88
1. はじめに……………………………………………………………………88
2. ナタネと他植物との交雑…………………………………………………88
3. 遺伝子組換えナタネと非組換えナタネの繁殖性について……………89
4. 遺伝子組換えナタネの自然交雑性に関する隔離圃場試験……………91
5. 結論および考察……………………………………………………………95

Ⅴ. 病害抵抗性遺伝子導入作物の栽培と微生物
との関わり…………………………………………………（田部井　豊）97
1. はじめに……………………………………………………………………97
2. 外被タンパク質を発現する遺伝子組換え農作物における
3種の相互作用による環境影響………………………………………102
2.1 組換え………………………………………………………………102
2.2 共　生………………………………………………………………103
2.3 トランスキャプシデーション……………………………………104
3. パパイアリングスポットウイルス（PRSV）の外被タンパク質遺伝子を
導入した組換えパパイアに対する米国農務省の判断について………105
3.1 育成の経緯…………………………………………………………105
3.2 「サンセット」パパイア55-1および63-1系統により
新たな植物病害虫を誘導するリスクに関する解析………………106
4. わが国におけるキュウリモザイクウイルス（CMV）の外被タンパク質
遺伝子を導入した組換えメロンの環境に対する安全性評価…………109
4.1 CMV抵抗性組換えメロンにおける環境に対する安全性…………111
4.2 組換えメロンの花粉の飛散性……………………………………112
4.3 CMV外被タンパク質遺伝子と他のウイルスとの組換え，
共生およびトランスキャプシデーションについて………………114
5. おわりに……………………………………………………………………115

**Ⅵ. 植物表生菌における遺伝子の水平移動**……………（澤田宏之）118
1. はじめに……………………………………………………………………118
2. ゲノムの進化の道筋を明らかにする……………………………………119
2.1 分子進化の解析によって明らかになったゲノム進化の道筋……………119
2.2 本群菌のゲノムは可塑性に富んでいる……………………………………121
3. *argK-tox* cluster は水平移動を経験している……………………………122
4. *argK-tox* cluster は本群以外の菌種からやってきた……………………124
4.1 OCTase 系統樹と 16S rDNA 系統樹の比較に基づく検証………………124
4.2 GC％プロフィールに基づく検証……………………………………………128
5. 本群菌のゲノム上における OCTase 遺伝子の進化史
－水平移動とゲノム再編成がその進化に大きな役割を果たしてきた－
……………………………………………………………………………………130
5.1 *argF* は本群菌のゲノム上に最初から存在していた遺伝子である………131
5.2 *argF* の類似遺伝子（*P. aeruginosa* の *arcB* の直系遺伝子）は
進化の過程で欠失した……………………………………………………………131
5.3 OCTase 遺伝子の進化史における水平移動とゲノム再編成の役割………134
6. おわりに……………………………………………………………………136

**Ⅶ. ストレス耐性等の機能性を付与した次世代型組換え植物
の環境への安全性評価**…………………………（萱野暁明・松井正春）140
1. はじめに……………………………………………………………………140
2. 次世代型組換え植物…………………………………………………………141
3. ストレス耐性組換え植物の環境に対する安全性評価の考え方
—ヒートショックタンパク（HSP）遺伝子を導入した植物を例として—
……………………………………………………………………………………142
3.1 植物の HSP 遺伝子の解析と組換え植物の作出……………………………142
3.2 HSP 遺伝子組換え植物の環境中での挙動…………………………………142
3.3 HSP 遺伝子組換え植物の想定される利用目的……………………………143
3.4 HSP 遺伝子組換え植物の環境影響評価……………………………………143

3.5 導入遺伝子の機能が環境と関わる可能性のある場合の考え方…………147
4. おわりに ……………………………………………………………151

補遺：第20回農環研シンポジウム ………………………………153
「遺伝子組換え作物の生態系への影響評価研究」
－総合討論での主要な質疑内容－…………………………………153
Ⅰ. Btトウモロコシの花粉飛散について ……………………………153
Ⅱ. 組換え作物花粉の生物影響試験法について……………………155
Ⅲ. 遺伝子組換え作物の交雑について ………………………………157
Ⅳ. 組換え微生物の遺伝子拡散について ……………………………158
Ⅴ. 組換え作物の雑草性について……………………………………158
Ⅵ. 組換え体の長期影響評価について ………………………………159
Ⅶ. 組換え作物の環境影響評価について ……………………………162

資料：遺伝子組換え体の安全性に関連する事柄の年表…………165

# Ⅰ．遺伝子組換え作物の栽培状況と環境影響問題

## 1．遺伝子組換え作物生産の現状と問題点

1994年に世界で初めて遺伝子組換え作物（トマト）が市場に出荷された．1996年からは遺伝子組換え作物（以降，組換え作物と略す）の商業栽培が本格的に開始された．図Ⅰ－1に示すように，世界の組換え作物の総栽培面積は，1996年から5年間で実に26倍に増加した[1,2]．これに比例して，組換え作物種子の売上額は，1996年が1億5千万ドルであったが，1999年には30億ドルに急増し，さらに2005年には80億ドルに達すると見込まれている[2,3]．表Ⅰ－1に示すように，組換え作物を栽培している主要国は米国，アルゼンチン，カナダであり，これら3カ国で世界の組換え作物栽培面積の99％を占める[1]（以降，この3カ国をマイアミグループと呼ぶ）．商業栽培されている主な組換え作物は，ダイズ，トウモロコシ，ワタ，ナタネ（カノーラ）であり，マイアミグループにおいては，これらの組換え作物を重要な輸出品として位置づけている．しかし，一般消費者からすると，従来の育種技術に比べて感覚的にわかりにくい組換え作物が急激に市場に出回り始めたことか

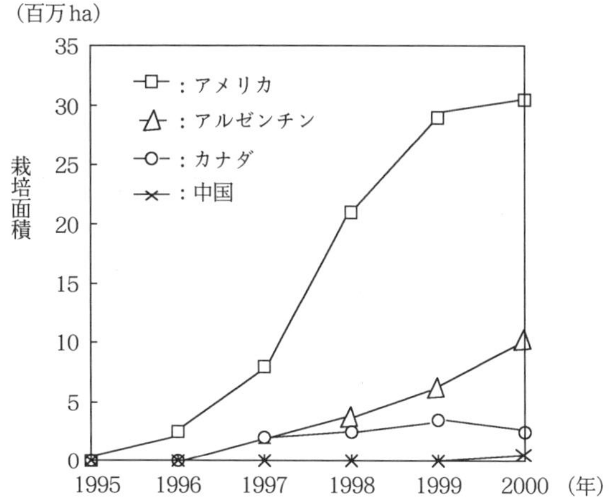


図Ⅰ-1　遺伝子組換え作物の作付け面積の経年変化（Clive Jmaes, 2000より）

表 I-1　世界の組換え作物の栽培面積
（百万 ha）

| 国名 | 1998年 | 1999年 | 2000年 | 割合% |
|---|---|---|---|---|
| 米国 | 20.5 | 28.7 | 30.3 | 70 |
| アルゼンチン | 4.3 | 6.7 | 8.8 | 21 |
| カナダ | 2.8 | 4.0 | 3.0 | 7 |
| 中国 | < 0.1 | 0.3 | 0.5 | 1 |
| 南アフリカ | | 0.1 | 0.2 | < 1 |
| オーストラリア | 0.1 | 0.1 | 0.2 | < 1 |
| ルーマニア | — | < 0.1 | < 0.1 | < 1 |
| メキシコ | 0.1 | < 0.1 | < 0.1 | < 1 |
| ブルガリア | — | < 0.1 | < 0.1 | < 1 |
| スペイン | < 0.1 | < 0.1 | < 0.1 | < 1 |
| ドイツ | — | — | < 0.1 | < 1 |
| フランス | < 0.1 | < 0.1 | < 0.1 | < 1 |
| ポルトガル | — | < 0.1 | — | 0 |
| 合計 | 27.8 | 39.9 | 43.0 | 100 |

（Clive James より）
注：< 0.1 は 10 万 ha 未満，< 1 は 1 %未満，
－は該当年に生産されていない

ら，その食品の安全性，食品の表示，栽培に伴う環境影響等について疑念をもち，国内外で盛んな論議が行われるようになった[4~6].

さらに，組換え作物の安全性に関する論議は，さまざまな国際機関でも盛んに行われている．ちなみに，生物多様性条約におけるバイオセイフティ議定書策定をめぐって，激しい論議が行われた[7~9]．バイオセイフティとは，遺伝子組換え生物の利用にあたって，人の健康への影響を含めた環境への影響が生じないように配慮することを目的に使われた言葉であり，1995 年から検討されている．この議定書の主な内容は，遺伝子組換え生物（LMO または GMO）が国境を越えて移動するに先立ち，輸入国が LMO による生物多様性の保全および持続可能な利用への影響を評価し，輸入の可否を決定するための手続について，国際的枠組みを定めることにある．しかし，マイアミグループは遺伝子組換え生物の貿易に際し，この「事前協議手続き（AIA）」は貿易障壁になると主張し，欧州連合（EU）や開発途上国との間で意見が大きく対立していたが，モントリオール特別締約国会議で漸く合意した（2000年 1 月）．この中で，事前合意の対象に食用・飼料加工原料用農作物（コモディティ）は AIA 手続きから除外し，各国の国内規制で対応することになった．

さらに，組換え作物ならびに食品の安全性については WTO，OECD，コーデックス委員会などの国際的機関でも検討・協議されており，組換え作物の安全性評価に関する議論は一層，複雑多岐にわたっている[10,11].

このように，遺伝子組換え生物に関する論議は極めて多種多様であり，ま

たニュース性の高さから，断片的な報道が頻繁に行われるため，一般市民ばかりでなく，専門外の研究者さえも，組換え作物に関する環境問題は理解しにくく，ややもすると組換え作物の栽培は危険ではないかという，漠然とした不安が漂うようになった．

このような問題を解決するためには，環境への安全性を確保しつつ，組換え作物を栽培するためには様々な情報の収集が必要であり，栽培した場合の環境問題の本質を客観的に正しく理解しなければならない．そのためには，環境問題の全体像を把握する必要があるので，国内外における遺伝子組換え生物を利用する際の規制・規則，組換え作物開発の今後の動向，そして組換え作物の導入に伴う環境影響問題について，それらの概要を述べる．

## 2．海外における遺伝子組換え生物に関する規制・規則についての経緯と概要

### 2.1 OECD

1973年にコーエン，ボイヤーによって大腸菌の形質転換が成功して以来，遺伝子組換え技術が急速に進展した．当初，環境中に遺伝子組換え生物を放出すると，思いもよらない性質が現れ，制御が不可能になるのではないかという懸念が指摘された．このため，遺伝子組換え実験を実施するための指針を設けて，安全性を確保することが1975年に米国アシロマの国際会議において合意された．しかし，1986年にOECD理事会は工業・農業等において，遺伝子組換え生物を利用する際の安全性について，それを規制するための特別の法律を制定する科学的根拠は存在しないことを報告した[12)]．これに則し，各国は組換え植物の利用指針を作成し，圃場試験を開始した[13)]．そして，1993年には小規模圃場から商業栽培用に規模が拡大された場合の実際の生態系における安全性評価の考え方が提示された[14)]．それは，組換え作物の環境に対する安全性評価を行う上で，遺伝子を導入した作物，導入された遺伝子についての既存の科学的情報やこれまでの育種に関する情報等，作物

に対する過去の経験に関する十分な情報（精通性：ファミリアリティ）に応じて，適切な安全性を図るという考えである．さらに，1994年からOECDでは専門家会合において組換え作物の環境への安全性評価のための作業が開始された．また，環境に関する安全評価基準について，OECD加盟国間の協調を図るために，バイオテクノロジーの規制的監督の調和に関するワーキンググループが1995年に発足し，沖縄サミットにその報告書が提出された[15]．

## 2.2 米　国

米国でも遺伝子組換え生物の野外試験の安全性について激しい論議が行われてきた．しかし全米研究評議会（NRC/ National Research Council）は，遺伝子組換え生物を環境に導入した場合のリスクは，従来の生物を環境導入する際のリスクと同種のものであることを1989年に報告した[16]．これを契機に安全性を確保しながら利用を進めることとなり，多くの野外試験が行われるようになった．

米国の遺伝子組換え生物を野外で利用する場合の規制は，農務省（USDA）と環境保護庁（EPA）が関与している．USDAは動植物検疫局（APHIS）において，遺伝子組換え植物の国内への持ち込みならびに州境を越えた移動を植物病害虫法（FPPA）および植物防疫法（PQA）で規制している．これらの規制は1995，1997年に緩和され，一定の条件を満たす野外試験は届出により実施できるようになった[17~19]．しかし，ヒマワリ，ナタネ等は交雑可能な近縁野生種が国内に生育するので，許可手続きを残すべきという意見もあったが，APHISは遺伝子組換え植物から遺伝子が拡散しても，全ての組換え作物がリスクを生じるものではないので，ケース・バイ・ケースで対処すべき問題であるとした．

他方，EPAは植物中の農薬成分や微生物農薬の環境への安全性確保の観点から，連邦殺虫剤・殺菌剤・殺鼠剤法（FIFRA）の下で，微生物農薬と植物農薬*を規制している．EPAは害虫抵抗性作物など，遺伝子操作によって農

*：植物農薬（Plant－Pesticide）とは植物が生産する農薬成分であり，この名称は2001年に植物内保護物質（PIPs/ Plant－Incorporated Protectants）に変更された）．

薬成分を産生する植物の大規模野外試験に関する審査や登録を行っている[18,20].

## 2.3 EU

EU加盟各国におけるバイオテクノロジーの環境安全性に関する規制を調和させることを目的に,「遺伝子改変生物の意図的環境放出に関する1990年4月23日の理事会指令(90/220/EEC)」が採択された[21]. この指令によって, EU加盟国は, 指令への適合に必要な法律, 規則, 管理規定を発効することが求められた. この指令はGMOの環境リスク管理を目的としたものであり, 野外試験および上市(placing on the market)など, GMOの意図的環境放出に先だって, 規制機関による事前承認を得ることを要求している. EU加盟国においては, 組換え作物の規制は法的枠組みの中で行われ, また, 域内流通には各国の承認に加えて, EUレベルでの承認が必要である. この理事会指令は1994, 1997年に改定され, さらに2001年2月16日に遺伝子改変生物の環境への意図的放出に関する改正指令を欧州議会が採択した[22,23]. 主な改正点は予防原則, リスク評価, 抗生物質耐性マーカーの廃止, 遺伝子転移の影響評価, トレーサビリティー等である. しかし, 改正指令には環境影響評価の原則が述べられているが, 具体的な方法については記述されていない.

# 3. わが国における組換え作物の安全性評価の手続き

以上のように, 遺伝子組換え生物の利用にあたっては, 国際的調和を図りながら各国が国内の規制を定めてきた. わが国の遺伝子組換え実験については, 1979年に科学技術会議が「組換えDNA実験指針」を定めた. さらに, 組換え作物等の栽培・利用にあたっては, 農林水産技術会議が1989年に「農林水産分野等における組換え体利用のための指針」を定めた[24]. 開発した組換え植物が生態系に対して悪影響を与えないことを確認するための実験や組換え植物の利用に関しては, 図I－2 示す指針に基づき行う[25]. すなわち, 科学技術庁の2種類の「実験」指針と農林水産省の「利用」指針に基づき, 4

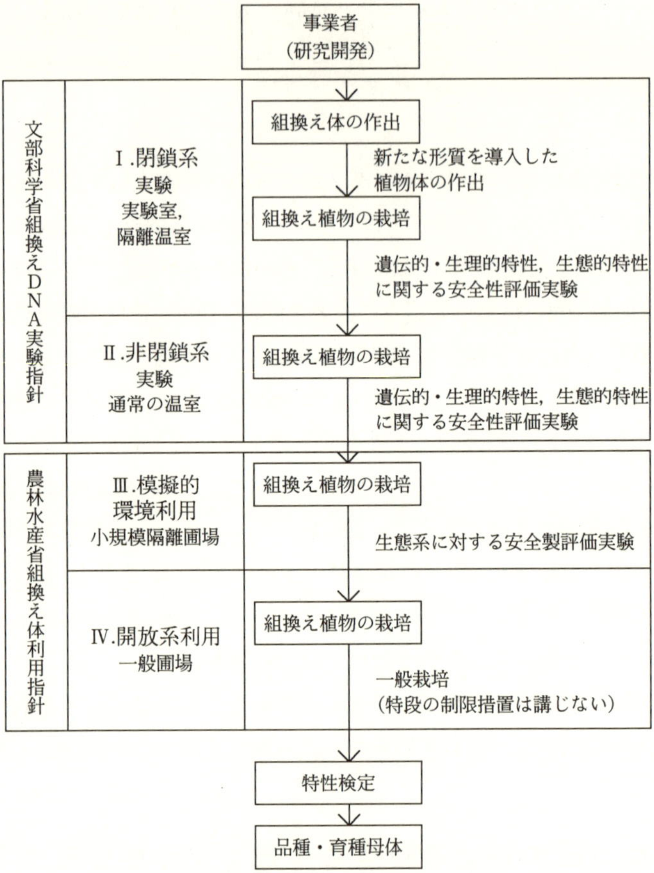


図 Ⅰ-2　組換え植物の栽培試験の実施フロー

段階に分けられている．農林水産省の指針では模擬的環境利用と開放系利用の２種類の利用区分に分けられる．模擬的環境については，当該組換え植物の栽培等が行われる環境を模した一定の画された地域で，その地域外の植物に影響を与えないように処置された「隔離圃場」を設けることが定められている．模擬的環境利用において安全性が確認された後，開放系利用では，一般の圃場で特段の措置を講じない普通の栽培を行うことができる．その確認手続きは，農林水産大臣に隔離圃場の利用計画の申請を行い，農林水産技術会議がその諮問委員会である「組換え体利用専門委員会」の審査結果を踏まえて計画の可否を大臣に回答した後，大臣が事業者に行おうとする利用計画が指針に適合していることの確認を行う．模擬的環境利用の結果を踏まえ，組換え植物の安全性評価について，農林水産大臣に確認を求め，計画の審査と同様の手続きで審査を行い，大臣が事業者に確認の報告を行う流れになっている．なお，わが国でこれまでに一般圃場での栽培が可能になった組換え農作物は，61 件であり，種類としては，イネ，ダイズ，トウモロコシ，ナタネ，トマト，キュウリ，メロン，カーネーション，ペチュニア，トレニアなどの 13 種であるが[26]，カーネーション以外の作物はこれまで商業栽培（農家等の栽培）されていない．

## 4．組換え作物の栽培ならびに開発動向

全世界において，商業栽培されている組換え作物を導入形質別の割合でみると，除草剤抵抗性作物が最も多く，次いで害虫抵抗性（Bt）作物である[1]（表Ｉ－2）．わが国ではウイルス抵抗性作物の開発が多いが，世界的にみると，その商業栽培は 1 %未満と少ない．作物別にみると，ダイズが最も多く，次いでトウモロコシであるが，表Ｉ－3 に示すように，非組換え作物に対する組換え作物の栽培面積割合では，ダイズが最も多く，次いでワタの順である．

しかし，図Ｉ－1 に示すように，マイアミグループの組換え作物栽培面積は 2000 年には鈍化しており，さらに，将来は一定値に達するという予測もある[1]．この要因は組換え作物に対する社会的受容，規制，適正価格，食品の表

表Ｉ-2　遺伝子組換え作物の栽培面積とそれらの構成割合

| 作物名 | 面積（百万 ha） | 構成割合（%） |
|---|---|---|
| 除草剤耐性ダイズ | 25.8 | 59 |
| 害虫抵抗性（Bt）トウモロコシ | 6.8 | 15 |
| 除草剤耐性トウモロコシ | 2.1 | 5 |
| Bt/除草剤耐性トウモロコシ | 1.4 | 3 |
| 除草剤耐性ワタ | 2.1 | 5 |
| Bt/除草剤耐性ワタ | 1.7 | 4 |
| Bt ワタ | 1.5 | 3 |
| 除草剤耐性カノーラ | 2.8 | 6 |
| 合計 | 44.2 | 100 |

Bt : *Bacillus thuringiensis*

（Clive James, 2000 より）

表 Ⅰ-3　世界の各作物の総作付面積に対する組換え作物の栽培面積割合

| 作物名 | 総栽培面積 (A)（百万 ha） | 遺伝子組換え作物の栽培面積 (B)（百万 ha） | 組換え作物の栽培面積割合 (%)（B/A × 100） |
|---|---|---|---|
| ダイズ | 72 | 25.8 | 36 |
| ワタ | 35 | 5.3 | 16 |
| カノーラ | 25 | 2.8 | 11 |
| トウモロコシ | 140 | 10.3 | 7 |
| 合計 | 271 | 44.2 | 16 |

（Clive James, 2000 より）

示など様々な要因が影響すると言われている．しかし，中国では次の 10 年間で Bt ワタを中心に組換え作物の栽培面積が急速に拡大し，全耕地面積（9,880 万 ha）の 20〜50 %は組換え作物が占めるようになると予測されている[2, 27]．また，害虫抵抗性（Bt）作物は第 3 世界の食料難を解決するために有望な作物とされている[17, 28]．

一方，米国で今後，5 年間に商品化を計画している作物は，① 新たな害虫抵抗性あるいは新 Bt トキシン遺伝子導入のトウモロコシ，ワタ，ダイズ，ジャガイモ，コメ，ヒマワリ，トマトなど 11 種，② グリホサート・グリホシネート除草剤耐性を導入したダイズ，ジャガイモ，ビート，コメ，コムギ，トマトなど 10 種類，④ ウイルス抵抗性遺伝子を導入したトウモロコシ，カノーラ，ジャガイモ，コムギ，トマト，バナナなど 9 種，合計 20 種類である[2]．これらの組換え作物（input traits）はいずれも栽培・管理費の低減を目的としている．この他，干ばつや塩害に強い不良環境耐性作物の開発も行われている．

品質を向上させる組換え作物（output traits）としては，① ベーターカロチン含量を高めたコメ，② オレイン酸，リジン，メチオニンなどの成分を高めたトウモロコシ，③ オレイン酸，ステアリン酸，タンパク質などの成分を高めたダイズ，④ ステアリン酸，オレイン酸，カロチンの成分を高めたカノーラ，⑤ 高品質繊維ワタ，⑥ 高品質ジャガイモ（傷による変色防止，低水分ジャガイモ），⑦ グルテン，スターチ，ミネラルの成分を高めたコムギ，⑦ 成熟抑制パパイヤなどがある[2]．しかし，これらの高品質化組換え作物は input traitsのようなコスト削減効果がなく，販売価格が不透明であり，流通段階では一般の作物との分別が難しいなどの理由から，農家がこれらの作物の栽培を直ちに増やすとは考えにくいと思われる．さらに，消費者の組換え食品に対する受容の動向も大きく影響することから，これらの高品質化組換え作物の栽培面積が急速に拡大するかは不透明である．

以上，まとめると，今後，市場に出回る組換え作物は，既存の組換え技術の延長線上にあり，栽培面積としては栽培・管理費削減組換え作物が大勢を占めると思われる．それらの組換え作物を機能別に分類すると，Btトキシン発現作物，除草剤グリホサート・グリホシネート耐性作物，ウイルス抵抗性作物の3タイプであり，作物別ではダイズ，トウモロコシ，ワタ，ナタネ，ジャガイモ，ビート，イネ，コムギ等が上げられる．したがって，これらの作物ならびに導入遺伝形質に限定して環境問題を論議しても，商業栽培レベルにおける当面の環境影響問題が包含できると考えられる．

## 5．組換え作物栽培に伴う環境影響に関する研究課題

組換え作物栽培に伴う環境影響について，さまざまな論議がなされているが[29〜32]，その主な内容は，① 組換え作物そのものが雑草化・野草化する，② 導入遺伝子が近縁野生種と交雑し，その雑種が拡大する（遺伝子拡散；gene flow），③ 遺伝的多様性が低下する，④ 導入した遺伝子が産生する毒素によって，非標的生物に影響を与える，⑤ 害虫抵抗性組換え作物ならびに除草剤耐性組換え作物を栽培することによって，抵抗性生物型が出現する，⑥ ウイルス抵抗性作物栽培に伴い新ウイルス系統が発生し，宿主範囲が拡大する，⑦ 生態系への長期影響が不明である，などが上げられる．しかし，これらの問題は，組換え作物そのものによって生じる問題，すなわち一次的問題と，組換え作物を栽培し続けることによって生じる二次的問題に大きく分けることができる．したがって，上記の ① から ⑦ の問題を個別・画一的に論議するよりも，一次的問題と二次的問題に分けて論議する方が理解しやすい．一次的問題は，組換え作物が雑草化する問題と組換え作物が近縁野生種と交雑して導入遺伝子が拡大する問題があり，上記の ①，② の問題が該当し，③ は

②の範疇に含まれる．二次的問題は，食物連鎖や時間の経過とともに影響が蓄積，あるいは出現する問題であり，④，⑤，⑥，⑦が該当する．とくに，前者の問題は組換え作物の栽培を中止しても影響が持続あるいは拡大することが懸念される．しかし，後者の問題は栽培を中止すると，その影響が縮小していく特性をもつ．したがって，一次的問題は二次的問題よりも，影響が拡大することも懸念されるので，本章では一次的問題を詳しく述べる．

## 5.1 組換え作物そのものの問題

### 1）組換え作物の雑草化・野草化

遺伝子組換え作物自身が雑草化*したり，圃場から逸出して野草化*することが懸念されている．しかし，コムギ，オオムギ，イネ，ダイズ，ワタなどの作物は古代から馴化が進んだ一次作物であるから，雑草化・野草化する可能性は低いと思われる[33]．これに対して，古くは一次作物畑で雑草であったものを馴化して作物にした二次作物は，雑草化・野草化し易いと考えられる．二次作物としてはライムギ，エンバク，ナタネ等がある．カナダでは組換えナタネが雑草化・野草化していると報告されている[34]．しかし，非組換え作物に比較して組換え作物は生存力が弱く，生存し続けられないという報告もある[35]．その他，ベッチ類などの牧草も野生化しやすい．組換え作物ではないが，関東以西で草地更新すると，播種していないイタリアンライグラス（ネズミムギ，*Lolium multiflorum*）が繁茂してしまい草地更新ができず，問題になっている例がある．

以上のことから，不良環境耐性遺伝子を導入した二次作物や牧草類を栽培すると，さらに雑草化・野草化しやすくなると推測される．

---

*：雑草性（weediness）とは，新しい雑草の出現，生物多様性を減少させる影響，導入遺伝子が非標的生物への悪影響，蓄積的あるいは連鎖的な農業生態系への二次的影響など極めて広い意味で使用されているが[38]，ここでは新しい雑草の出現の問題に限定して使用するので雑草化とした．なお，雑草は野草と異なり，人間による攪乱のあるところで生育できるが，作物のように人間の積極的な保護を必要としない植物群であり，このような植物が人間活動に何らかの妨害をすると，その植物を雑草と定義する．野草とは人間攪乱の外側で，雑草はその内側で生育する植物群であるが，栽培種や近縁種との雑種が農地の外側で生育することが可能になった場合に，ここでは野草化と定義する[39]．

一方，組換え作物とその近縁種が交雑して雑草化・野草化する問題がある．組換え作物と近縁種の雑種は，雑草や野草の広い形質を備えているから，非農業生態系においても定着・拡大する可能性がある．このため，組換え作物との雑種の誕生は，組換え作物そのものが雑草化するよりも広範囲に影響が及ぶのではないかと懸念されている（スーパー雑草）[34, 36]．全米研究評議会は米国において組換え作物を栽培した場合に作物と交雑する可能性のある近縁野生種をリストアップしている[17]（表I－4）．しかし，ここに掲載された全ての作物が交雑し，雑草化するわけではない．すなわち，このような雑種

表 I-4　米国で栽培されている作物と近縁野生種のリスト

| 栽培種 | 近縁野生種 |
|---|---|
| Apiaceae | |
| *Apium graveolens*（セロリ） | Same species |
| *Daucus carota*（ニンジン） | ☆Same species（wild carrot） |
| Chenopodiaceae | |
| *Beta vulgaris*（ビート） | *B. vulgaris* var. *maritima*（*hybrid in aweed） |
| *Chenopodium quinoa*（キノア） | *C. berlandieri* |
| Compositas | |
| *Chicorium intybus*（チコリ） | ☆Same species |
| *Helianthus annuus*（ヒマワリ） | *Same species |
| *Lactuca sativa*（レタス） | *L. serriola*（wild lettuce） |
| Cruciferae | |
| *Brassica napus*（レープ，カノーラ） | ☆Same species, *B. campestris, B. juncea* |
| *Brassica rapa*（カブ） | *Same species（=☆*B. campestris*） |
| *Raphanus sativus*（ダイコン） | *Same species, ☆*R. raphanistrum* |
| Cucurbitaceae | |
| *Cucurbita pepo*（セイヨウカボチャ） | *Same species（= *C. texana*, Wild squash） |
| Poaceae | |
| *Avena sativa*（エンバク） | ☆*A. fatua*（wild sugarcane） |
| *Cynodon dactylon*（バミューダグラス） | ☆Same species |
| *Oryza sativa*（コメ） | ☆Same species & others（red rice） |
| *Saccharum officinarum*（サトウキビ） | ☆*S. spontaneum*（wild sugarcane） |
| *Sorghum bicolor*（ソルガム） | ☆*S. halepense*（johnsongrass） |
| *Triticum aestivum*（コムギ） | *Aegilops cvlindrica*（jointed goatgrass）[c] |
| Fabaceae | |
| *Trifolium spp.*（クローバ） | *Same species |
| *Medicago sativa*（アルファルファ） | Same species |
| Liliaceae | |
| *Asparagus officinalis*（アスパラガス） | Same species |

*雑草，☆：強害雑草　　（NAS，2000より）

が定着・拡大するためには，先ず，組換え作物が非農業生態系において定着・生育し，その花粉が飛散して近縁野生種と交配できなければならない．そのため，組換え作物と近縁種の距離間隔，近縁野生種と交配できても，両者の交雑和合性や開花期の整合性などの諸条件が満たされなければ，稔性のある後代ができない．さらに，その雑種種子が発芽・定着・拡大しなければ，環境への影響は生じない．

このように，雑種が形成され，それが拡大して環境に影響を及ぼすためにはいくつかの障害を乗り越えなければならない[37]．さらに，雑草化するにはいくつもの形質が関わって初めて雑草化するのであって，1つや2つの遺伝子を導入しても，雑草化する懸念はないという考えもあり，これまでのところ，スーパー雑草の誕生は報告されてない[35]．

しかし，従来の育種技術で育成された品種と異なり，これまで自然界では起こり得なかった遺伝子を導入すると，組換え作物が雑草化し易くなるのではないかという意見もある．これは，米国に導入されたクズにみられるように，在来の植物群にはなかった新たな形質の植物が海外から侵入した場合に，急速に拡大する帰化種があることから類推した考え方であるが，これまでのところ，組換え作物が定着・拡大して，生態系を破壊したという報告もなく，一定の結論が得られていない[37]．

### 2）遺伝的多様性

組換え作物の栽培が直接，環境に影響を及ぼすばかりでなく，周辺の同種作物への影響も懸念されている．英国では組換え作物の花粉の飛散によって，有機栽培農家の作物と交雑することを避けるため，また，種子の純正を確保するために農家レベルでの試験を行っている[40,41]．

他方，組換え作物の栽培は今後も限られた品種の種子が大企業から世界各国に販売されるので，各国の風土に適した多様な品種・在来種と交雑したり，消失したりすることが懸念される．この問題は世界的レベルでの遺伝資源の保全上からも重要な問題である．とくに，開発途上国は栽培植物発祥の中心地である場合が多く[33]，そこには異なった遺伝形質をもった品種ばかりでなく，多くの近縁野生種も生育している（図I－3）．同種の組換え作物がこれ

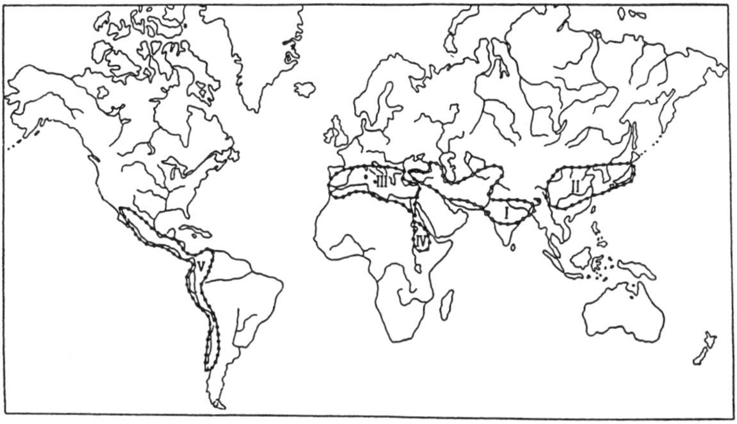


図Ⅰ-3　旧大陸と新大陸における主要農作物の基本的発祥中心地
（ヴァビロフ，N. 1980 より）
Ⅰ：南西アジア，Ⅱ：南東アジア，Ⅲ：地中海沿岸，Ⅳ：アビシニアとエジプト，
Ⅴ：南アメリカおよびメキシコの山岳地帯

らの地域で大規模に栽培されると，在来種ならびに近縁野生種に遺伝子が拡散し，遺伝的多様性が失われるのではないかと懸念されている[42]．このため，これらの在来種ならび近縁野生種の生育分布を調査し，種子を保存するばかりでなく（生息域外保存），重要な生息地については地域そのものの保全が必要であり，そのためには，国際農業研究協議グループや FAO などの国際機関の指導的役割が欠かせないであろう[43]

## 5.2 組換え作物栽培に伴なって生じる二次的問題

### 1）食物連鎖

組換え作物栽培に伴うその他の環境への影響として，食物連鎖を通した非標的生物への影響が考えられる．とくに，Bt トウモロコシの花粉を摂取したオオカバマダラの幼虫が死亡ならびに生育不良が発現したことが論議を呼んだ[44,45]．これについて，米国環境保護庁（EPA）は鱗翅目昆虫ならびに健康への影響はないことを重ねて報告した[46]　他方，除草剤耐性ビートを栽培すると，非選択性除草剤が散布され，これまで畑に生育していた全ての雑

草を枯すと，その雑草の種子を餌としていたヒバリの個体数が減少することがシミュレーションされたが[47]，現場での組換え作物の栽培に伴う食物連鎖に関する研究事例は少ない.

### 2) 抵抗性生物型の出現

Bt遺伝子導入作物を栽培すると，Btトキシンに対して抵抗性をもった昆虫が出現することが問題となっている[48]．この防止策として，Bt作物栽培圃場内に一定の面積あるいは間隔で同種の非組換え作物を栽培する保護区(Refuge)を設けることをEPAは指導している[49, 50]．これによって，保護区で生育した害虫は，Btトキシンに対して抵抗力をもたないから，Bt作物畑で生育する抵抗性害虫と交尾すると，次世代は非抵抗性害虫が生まれ，抵抗性害虫の増殖を抑制するという技術である．また，EPAはオオカバマダラ等の非標的チョウ類の個体群保全技術，チョウ個体数の長期影響モニタリング，実際の圃場における花粉の飛散とチョウの死亡率との関係の予測，抵抗性害虫の出現を抑制する管理技術を確立することが必要であることも述べている．この問題につい は，第II章で詳しく述べられる.

他方，除草剤耐性作物を長期栽培することによって，除草剤抵抗性雑草の出現が懸念されている．しかし，これまでの商業栽培された除草剤耐性組換え作物はグリホサートならびにグリホシネートに対して耐性をもつ作物であるが，この15〜20年間，これらの除草剤に対する抵抗性雑草は出現していなかった．しかし，オーストラリアで初めて有害雑草のRigid ryegrass (*Lolium rigidium*) に抵抗性生物型が発見された[37].

### 3) 外被タンパク質遺伝子を導入したウイルス抵抗性作物

組換え作物の花粉を媒介とした遺伝子拡散とは異なるが，昆虫などのベクターを介して植物細胞中に同一のウイルスの異なる系統（または2種のウイルス）が同時に感染した場合，一方のウイルスのゲノムが別ウイルスの外被タンパク質に包まれるトランスカプシデーションされたウイルスの出現について論議されている[51]．しかし，外被タンパク質遺伝子を導入したウイルス抵抗性作物でトランスカプシデーションが発現しても，そのウイルスの影響は，一般に感受性作物に複数のウイルスが感染した場合の影響に比べて深刻ではないと予想されている[51]．また，2つのウイルスの核酸分子間における塩基配列の交換で組換えが生じ，新しいタイプのウイルスが出現する可能性もあるといわれているが，このような，組換えの現象やトランスカプシデーションは2種のウイルスを植物から植物に伝搬させるベクターと宿主植物が関係する複雑な現象であり，不明な点が多い．この課題については第Ⅴ章で詳しく述べられる．

## 6．おわりに

これまで，人類は野生植物あるいは雑草を人間の目的に適するように馴化して作物を育成し，また栽培種に近縁野生種を交雑させて耐病性品種などを育種してきた．このため，作物や品種の成立過程に関する研究蓄積は多いが，この逆の過程，すなわち，作物が野生化する過程については研究蓄積が少く，今後，研究の重点化が必要である．一方，グローバル化した組換え作物が世界各国で栽培されると，組換え作物そのものの雑草化・野草化，ならびに近縁種との雑種化に関する研究は，国内のみで行っても不十分であり，国際的連携のもとに，栽培植物の発祥地における調査を組織的に行い，世界的な情報交換が必要である．

### 引用文献


1) James, C.（2001）Global status of commercialized transgenic crops（preview）: 2001, No. 21-2000, ISAAA 〈http :// www. isaaa. org/ publications/ briefs/ Brief_21.htm〉
2) James, C.（2000）Global status of commercialized transgenic crops : 1999, 1-65, No17-2000, ISAAA
3) Medley, T. L.（2000）International regulatory issues introduction, The biosafety of genetically modified organisms. Proc. 6th Inter. Sympo., Ag – West Biotech Inc.
4) Ahloowalia, B. S.（2000）Public concerns and legal issues over genetically modified organisms in agriculture, 1-7. AgBiotechNet 2000, Vol.2, June, ABN 051
5) 中村晴彦（2001）早すぎた普及・遅すぎた検証－特集・遺伝子組み換え農作物を考える－, 農業と経済, 67（8), 5-12

6) 日和佐信子（2001）遺伝子組み換え食品を消費者はどうとらえるか－特集・遺伝子組み換え農作物を考える－, 農業と経済, 67（8), 21－30

7) 農林水産委託事業成果報告書（2000）海外諸国における組換え体の利用状況と規制体制の調査, 資料1.バイオセイフティ議定書, p.209－215, 三菱化学安全科学研究所

8) 農林水産省－海外農業情報－米国（2000）バイオセイフティ議定書の合意〈http : // www.maff.go.jp / soshiki / keizai / kikaku / 2000 / 20000204chicago26a.htm〉

9) Kathen, A. de.（2000）Biosafety capacity development and the Cartagena protocol p.79－88 ; International regulatory issues introduction, Proc. 6th Inter. Sympo., Ag – West Biotech Inc.

10) 農林水産省（2001）最近の国際関係の動きについて〈http : // www. maff. go. jp / wto / iken / kokusai – kankei.htm〉

11) 外務省（2000）G8コミュニケ・沖縄2000（仮訳）テクノロジーと食品の安全性〈http : // www.mofa.go.jp / mofaj / gaiko / summit / ko_2000 / documents / commu. html〉

12) OECD（1986）Recombinant DNA safety consideration. Organisation for Economic Cooperation and Development, Paris

13) James, C. and A. F. Krattiger（1996）Global review of the field testing and commercialization of transgenic plants : 1986 to 1995, 1－31, No.1－1996, ISAAA

14) OECD（1993）Safety consideration for biotechnology ; Scale – up of crop plants. Paris

15) OECD（2000）Report of the working group on harmonization of regulatory oversight in biotechnology, C（2000）86 / ADD2〈http : // www.oecd.org / subject / biotech / report_workgroup.pdf〉

16) NRC（1989）Field testing genetically modified organisms : Framework for decision. Washington, D. C. : National Academy Press

17) NAS（2000）Genetically modified pest – protected plants science and regulation, 1－19, National Academy of Sciences, National Academy Press

18) 農林水産委託事業成果報告書（2000）海外諸国における組換え体の利用状況と規制体制の調査, 1.諸外国における組み換え生物の野外利用に対する規制の動向, p. 1－192, 三菱化学安全科学研究所

19) 加藤順子（2001）欧米の GM 農作物の規制の現状と課題－特集・遺伝子組み換え農作物を考える－, 農業と経済, 67（8), 56-65
20) 農林水産省－海外農業情報－米国（2001）EPA, Bt 作物に関する規則を発表〈http://www. maff. go. jp/soshiki/keizai/kokusai/kikaku/2001/20010122chicago31a.htm〉
21) 農林水産委託事業成果報告書（1999）実用化組換え体の安全性評価データ解析調査, 2.EU における組換え作物の規制の動向, p.1-110,三菱化学安全科学研究所
22) 農林水産省－海外農業情報－EU（2001）厳しい新 GMO 法案を可決〈http://www.maff.go.jp/soshiki/keizai/kokusai/kikaku/2001/20010216eu45c.htm〉
23) 農林水産委託事業成果報告書（2001）海外諸国における組換え体の利用状況と規制体制の調査, 2.諸外国における組み換え生物の野外利用に対する規制の動向, 三菱化学安全科学研究所
24) 農林水産技術会議事務局（2000）農林水産分野等における組換え体の利用のための指針通達集〈http://www.s.affrc.go.jp/docs/sentan/guide/guide.htm〉
25) 農林水産技術会議事務局（2000）組換え農作物早わかり Q & A（2000/11/17）〈http://www.s.affrc.go.jp/docs/sentan/pa/answer/Q09.htm〉
26) 農林水産技術会議事務局（2001）遺伝子組換え植物（GMO）の栽培試験状況〈http://ss. s. affrc. go. jp/docs/sentan/guide/develp.htm〉
27) Smith, C. S.（2000）China rushes to adopt genetically modified crops〈http://www. nytimes. com/2000/10/07/world/07CHIN.html〉
28) Krattiger, A.（1998）The Importance of Ag－biotech to Global Prosperity, No. 6-1998, 1-10
29) Arriola, P. E.（1997）Risks of escape and spread of engineered genes from transgenic crops to wild relatives < http://www. agbiotechnet. com/reviews/misc/arriala. htm >
30) Altieri, M. A.（1998）The environmental risks of transgenic crops : an agroecological assessment, AgBiotechNews and Information, Vol.10, No12, 405N-410N
31) Daele, W.（1998）Risk prevention and the political control of genetic engineering : lessons from a participatory technology assessment on transgenic herbicide－resistant crops, AgBiotechNews and Information, Vol.10. No11, 355N-358N

32) Daniell, H. ( 1999 ) The next generation of genetically engineered crops for herbicide and insect resistance : containment of gene pollution and resistant insects, AgBiotechNet, Vol.1, Aug., ABN024, 1-7
33) ヴァビィロフ,N.（1980）栽培植物発祥地の研究. 中村英司訳, p.104-141, 八坂書房
34) ブラウン,K.(2001) 出口見えない科学論争－特集 遺伝子組み換え食品の安全性－, 日経サイエンス 7月号, 40-46
35) Crowley, M. J. S. L. Brown, R. S. Hails, D. D. Kohn and M. Rees （2001） Transgenic crops in natural habitats, Nature 409, 682-683
36) Hemming, D. （1999） Gene flow and agriculture : Relevance for transgenic crops, AgBiotechNet 1999, Vol. 1. July ABN 020
37) Wolfenbarger, L. L. and P. R. Phifer （2000） The ecological risks and benefits of genetically engineered plants. Science, 290, 2088-2093
38) リスラー, J., M.メロン（1999）遺伝子組み換え作物と環境への危機, 阿部利徳等訳, p.39-94, 合同出版
39) 伊藤操子（1993）雑草学総論. p.13-19, 養賢堂
40) MAFF （2000） Review of the use of separation distances between genetically modified and other crops < http : // www.maff. gov. uk >
41) 農林水産省－海外農業情報－英国（2001）GM作物の栽培試験地が増加〈http : // www.maff.go.jp / soshiki / keizai / kikaku / 2001 / 20010209 eu44 e. htm〉
42) Dale, P. J. and C. L. Moyes （2000） An overview of environmental consideration for GM crops, 31-34 ; International regulatory issues introduction, Proc. 6th Inter. Sympo., Ag－West Biotech Inc.
43) Lenne, J. M. and D. Wood （1999） Optimizing biodiversity for productive agriculture, agrobiodiversity : Characterization, Utilization and Management, 447-470. Wood, D. & J. M. Lenne ed. CABI Publishing
44) Losey, J. E., L. S. Rayor and M. E. Carter （1999） Transgenic pollen harms monarch larvae, Nature 399 : 214
45) 農林水産委託事業成果報告書（2000）海外諸国における組換え体の利用状況と規制体制の調査, 資料3.組み換え生物の環境影響に関する情報, p.239-261, 三菱化学安全科学研究所
46) EPA （2000） Biopesticides registration action document preliminary risks and benefits section : *Bacillus thuringiensis* plant－pesticides : U. S. Environmental Protection Agency Office of Pesticide Programs, < http : // www. epa. gov / pesticides / biopesticides / news－bt－crops－sap－oct.htm >

47) Watkinson, A. R., R.P. Frecketon, R. A. Robinson and W. J. Sutherland（2000）Prediction of biodiversity response to genetically modified herbicide－tolerant crops, 1 Sept., 2000. Vol. 289, Sci.,< http : // www.sciencemag. org >

48) Brousseau, R., L. Masson and D. Hegedus（1999）Insecticidal Transgenetic plants : are they irresistible ? . AgBiotechNet 1999, vol. 1. July, ABN 022.

49) EPA（2000）Bt cotton refuge requirements for the 2001 growing season, < http : // www.epa.gov / pesticides / biopesticides / otherdcs / bt cottn refuge 2001. htm >

50) 農林水産省－海外農業情報－米国（2001）Btコーンの作付け制限の実施状況< http : // www. maff. go. jp / soshiki / keizai / kikaku / 2001 / 20010215 chicago 34a. htm〉

51) OECD（1996）バイオテクノロジーの規制的監督の調和シリーズ,No5,外被タンパク質遺伝子を利用したウイルス抵抗性作物のバイオセーフティに関する一般情報についてのコンセンサス文書, OECD環境局

（三田村　強）

# Ⅱ．害虫抵抗性作物が産生する物質と昆虫との相互作用

## 1．はじめに

害虫抵抗性遺伝子を導入した作物の栽培において，導入遺伝子の効果や影響は標的となる害虫にほぼ限定されると考えられていた．このようなことから，害虫抵抗性遺伝子を導入した作物の栽培は，殺虫剤などの化学農薬の使用削減につながり，環境の保全や持続的農業の構築にとって有力な手法となり得ると考えられている．ところが1999年にアメリカにおいて，トウモロコシの重要な害虫であるヨーロッパアワノメイガを標的として害虫抵抗性遺伝子を導入したトウモロコシの花粉が圃場周辺の雑草であるトウワタに付着し，これを食草とする国民的に人気の高いチョウ，オオカバマダラの幼虫の生存に影響を与えることが報告され（Losey *et al.*, 1999），大きな衝撃をもたらした．このような状況から，わが国においても栽培を目的とした害虫抵抗性遺伝子導入トウモロコシの花粉の環境に対する安全性評価についてデータを集めることが必要とされた．そこで，農業環境技術研究所では1999年に緊急に調査を行った（農業環境技術研究所Btコーン調査検討委員会，2000）．また，その概要については次章に報告されている通りである．

ここでは，害虫抵抗性を導入した作物が産生する物質と昆虫との相互作用について，これまでの研究結果を整理するとともに，その問題点を摘出してみたい．

## 2．害虫抵抗性遺伝子導入作物の種類とその作用

### 2.1 害虫抵抗性遺伝子導入作物の種類

現在（2000年6月）までに，わが国で環境に対する安全性が確認されてい

表 II－1　組換え農作物の環境に対する安全性の確認状況（その1）

| 農作物 | 開発者 | 開発国 | 確認年次 | 商品化 |
|---|---|---|---|---|
| 1. 国内の一般ほ場における栽培を目的とした安全性確認が終了しているもの（農林水産省） | | | | |
| 害虫抵抗性・除草剤耐性トウモロコシ | デカルブ社 | 米国 | 1997 | |
| 貯蔵害虫抵抗性アズキ | 農業研究センター | 日本 | 1999 | |
| 2. 加工利用のための種子輸入を目的とした安全性確認が終了しているもの（農林水産省） | | | | |
| 害虫に強いトウモロコシ | モンサント社 | 米国 | 1996 | ○ |
| 害虫に強いトウモロコシ | ノースラップキング社 | 米国 | 1996 | ○ |
| 害虫に強いトウモロコシ | チバシード社 | 米国 | 1996 | ○ |
| 害虫に強いワタ | モンサント社 | 米国 | 1997 | ○ |
| 害虫抵抗性・除草剤耐性トウモロコシ | モンサント社 | 米国 | 1997 | |
| 害虫に強いトウモロコシ | パイオニアハイブリッド社 | 米国 | 1997 | |
| 害虫抵抗性・除草剤耐性ワタ | モンサント社・カルジーン社 | 米国 | 1998 | ○ |
| 害虫抵抗性・除草剤耐性トウモロコシ | デカルブ社 | 米国 | 1999 | |
| 害虫抵抗性・除草剤耐性トウモロコシ | プラントジュネティックシステムズ社 | 米国 | 1999 | |
| 害虫に強いワタ | モンサント社 | 米国 | 1999 | ○ |

注. 2000年6月現在.　害虫抵抗性作物を抜き出した.

る組換え農作物のうち，害虫抵抗性遺伝子導入作物は，トウモロコシ，ワタ，アズキの3作物で12品種ある．このうち商品化に必要な安全性が確認されているものはトウモロコシだけで，6品種ある（表II－1）．また，飼料や食品として安全性が確認されているものを含めると，害虫抵抗性遺伝子が導入されているのは，トウモロコシ，ワタ，アズキ，バレイショの4作物である．このうちアズキに害虫の消化酵素を阻害する物質，αアミラーゼインヒビターが導入されている他は，全てBtトキシンを産生する遺伝子を導入した作物である（表II－2）．このことから，ここではBtトキシン産生遺伝子を導入した作物と昆虫との相互作用について話を進める．

## 2.2 Btトキシンの種類とその作用

Btトキシンは土壌微生物（*Bacillus thuringiensis*）が作り出す物質で，チョウ目を中心とし，ハエ目，コウチュウ目など特定の種類の昆虫にのみ殺虫性を示す．さらに *B. thuringiensis* は亜種によって殺虫性が異なることから，一般にはこれらの亜種が持っている遺伝子名（*cry1 － 4*，*A － D* など）で呼ば

表Ⅱ-2　組換え農作物の環境に対する安全性の確認状況（その2）

| 農作物 | 開発者 | 開発国 | 確認年次 | 商品化 |
|---|---|---|---|---|
| 3. 組換え農作物の飼料としての安全性確認状況（農林水産省） | | | | |
| 害虫に強いﾄｳﾓﾛｺｼ | ノースラップキング社 | 米国 | 1996 | |
| 害虫に強いﾄｳﾓﾛｺｼ | チバシード社 | 米国 | 1996 | |
| 害虫に強いﾄｳﾓﾛｺｼ | モンサント社 | 米国 | 1997 | |
| 害虫に強いﾜﾀ | モンサント社 | 米国 | 1997 | |
| 害虫に強いﾄｳﾓﾛｺｼ | パイオニアハイブリッド社 | 米国 | 1998 | |
| 害虫抵抗性・除草剤耐性ﾜﾀ | カルジーン社 | 米国 | 1999 | |
| 4. 組換え農作物の食品としての安全性確認状況（厚生省） | | | | |
| 害虫に強いﾄｳﾓﾛｺｼ | ノースラップキング社 | 米国 | 1996 | |
| 害虫に強いﾄｳﾓﾛｺｼ | チバシード社 | 米国 | 1996 | |
| 害虫に強いﾄｳﾓﾛｺｼ | モンサント社 | 米国 | 1997 | |
| 害虫に強いﾜﾀ | モンサント社 | 米国 | 1997 | |
| 害虫抵抗性・除草剤耐性ﾜﾀ | カルジーン社 | 米国 | 1999 | |
| 害虫に強いﾊﾞﾚｲｼｮ | モンサント社 | 米国 | 1996 | |
| 害虫に強いﾊﾞﾚｲｼｮ | モンサント社 | 米国 | 1997 | |

注.2000年6月現在. 害虫抵抗性作物を抜き出した

れる（表Ⅱ－3）（堀，1991）．この微生物は，従来，カイコの卒倒病の病原菌，つまり昆虫の病原菌として知られていたが，チョウ目害虫に殺虫性を示すことから天敵微生物として注目され，現在では生物農薬として広く市販，使用されている．

このように，Bt トキシンは多くの型があって特定の種類に殺虫性を示すだけではなく，同じ昆虫種であっても殺虫性に大差があることが知られる．表Ⅱ－4にカイコの品種による Bt トキシンに対する感受性の差違を示した．これによると，最も感受性の高い品種と低い品種の間には，約50万倍の感受性の差があった（宮本ら，1999）．

Bt トキシンは食毒で，接触による殺虫性はない．Bt トキシンが殺虫性を示すためには，昆虫の消化管内に毒性を持つペプチドが未消化で残ることと，昆虫がこのペプチド受容体を持っていることが必要である（飯塚，1995）．

表 II-3　Btトキシン遺伝子,タンパクの分類

| 遺伝子名 | 対象昆虫 | アミノ酸残基数 | トキシンサイズ(KDa) | 遺伝子を所有する亜種名 |
|---|---|---|---|---|
| *cry1Aa* | チョウ目 | 1176 | 133 | *kurstaki* HD-1, *aizawai* |
| *cry1Ab* | チョウ目 | 1155 | 131 | *berliner* 1715, *kurstaki* HD-1<br>*aizawai* 2PL-7, *kurstaki* NRD-12 |
| *cry1Ac* | チョウ目 | 1178 | 133 | *kurstaki* HD-73, *kurstaki* HD-1 |
| *cry1B* | チョウ目 | 1207 | 138 | *entomocidus* HD-110, *thuringiensis* HD-2 |
| *cry1C* | チョウ目 | 1189 | 135 | *entomocidus* HD-110, *thuringiensis* HD-2<br>*aizawai* HD-137 |
| *cry1D* | チョウ目 | 1165 | 133 | *aizawai* HD-68 |
| *cry2A* | チョウ目/ハエ目 | 633 | 71 | *kurstaki* HD-263, *kurstaki* HD-1 |
| *cry2B* | チョウ目 | 633 | 71 | *kurstaki* HD-1 |
| *cry3A* | コウチュウ目 | 644 | 73 | *san diego, tenebrionis*, EG2158 |
| *cry4A* | ハエ目 | 1180 | 134 | *israelensis* |
| *cry4B* | ハエ目 | 1136 | 128 | *israelensis* |
| *cry4C* | ハエ目 | 675 | 78 | *israelensis* |
| *cry4D* | ハエ目 | 643 | 72 | *israelensis* |

堀（1991）から改変.

表 II-4　主要蚕品種の *Bacillus thuringiensis* $\delta$ −内毒素（キメラ毒素）に対する感受性

| 品種名 | 地理的*品種区分 | $LC_{50}$ | (95%信頼区間) | | |
|---|---|---|---|---|---|
| | | | ($\mu$g タンパク質/$cm^2$ 桑葉) | | |
| 中巣乙 | 日 | 177.793 | ( 53.740 | ～ | 5,207.056) |
| 小石丸（蚕試） | 日 | 60.445 | ( 36.993 | ～ | 126.868) |
| 吉N | 日 | 0.052 | ( 0.039 | ～ | 0.069) |
| 支15号 | 中 | 77.461 | ( 39.660 | ～ | 229.165) |
| 大造（長野） | 中 | 4.893 | ( 0.539 | ～ | 134.596) |
| 大造（松村） | 中 | 1.015 | ( 0.267 | ～ | 6.014) |
| S1号 | 中 | 0.071 | ( 0.040 | ～ | 0.112) |
| No.500 | 欧 | 5.158 | ( 0.675 | ～ | 156.59) |
| アスコリー | 欧 | 0.105 | ( 0.058 | ～ | 0.188) |
| 65号 | 欧 | 0.043 | ( 0.019 | ～ | 0.094) |
| マイソール | 南 | 0.118 | ( 0.091 | ～ | 0.151) |
| 輪月 | 南 | 0.018 | ( 0.009 | ～ | 0.033) |
| 日137号 | 日 | 31.348 | ( 18.651 | ～ | 61.787) |
| 支146号 | 中 | 449.073 | ( 174.490 | ～ | 7,218.093) |
| 支146号×日137号 | 交 | 9,288.643 | (1,236.741 | ～ | $59.5 \times 10^6$) |

*日，日本種；中，中国種；欧，欧州種；南，東南アジア種；交，交雑種.
宮本・他（1998）から改変.

## 3. 害虫抵抗性作物が産生する物質が昆虫に与える影響

### 3.1 標的昆虫への影響（意図された効果）

害虫を制御する目的で作出された，Bt トキシンを産生して害虫抵抗性を持たせた作物は，その作出目的に沿った制御効果を示す．作物中で産出される Bt トキシンの量あるいはその濃度について我々は詳しいデータを持っていない．未公開の資料では，穀粒中の全タンパク質の 0.0004 ％という例が示されている．また，1999 年に農業環境技術研究所で実施した緊急調査の機器分析の結果では，花粉中の濃度は分析機器の検出下限を下回っていたと考えられる（農業環境技術研究所 Bt コーン調査検討委員会，2000）．このような極微量の成分が害虫を制御する効果，つまり殺虫性を示すのであろうか．

このような疑問に答えるために，Bt トキシンを導入したトウモロコシを用いて，暫定的に行った試験では，Bt トキシン導入トウモロコシの葉を摂食したアワヨトウ幼虫は短期間のうちに死亡した（表Ⅱ－5）．

このような殺虫効率はどの程度の Bt トキシンの量，あるいは濃度があれば実現するものであろうか．Bt トキシンを製剤化した殺虫剤（Bt 剤と呼ばれる）は，現在，数多く市販されている．そのほとんどは 7 ％程度の有効成分を含んでおり，1,000～2,000 倍に希釈して作物に散布される．2 種類の Bt 剤を散布した葉をモンシロチョウ 2 齢幼虫に摂食させてその殺虫効果を調査した．その結果，50 ％の幼虫を殺すことができる濃度は，約 25～30 万倍希

表 Ⅱ-5　Bt トウモロコシ葉摂取による
アワヨトウ孵化幼虫の生存率（％）と 50 ％ 2 齢到達日

| | 反復 | 4日目 | 7日目 | 50％ 2齢到達日 |
|---|---|---|---|---|
| N4640Bt | 5 | 30.0 ± 8.9％ | 12.0 ± 4.9％ | 6.0日 |
| DK789 | 5 | 96.0 ± 2.4 | 94.0 ± 2.4 | 3.6日 |

注. N4640Bt は Bt トウモロコシ品種，DK789 は非組換えトウモロコシ品種.

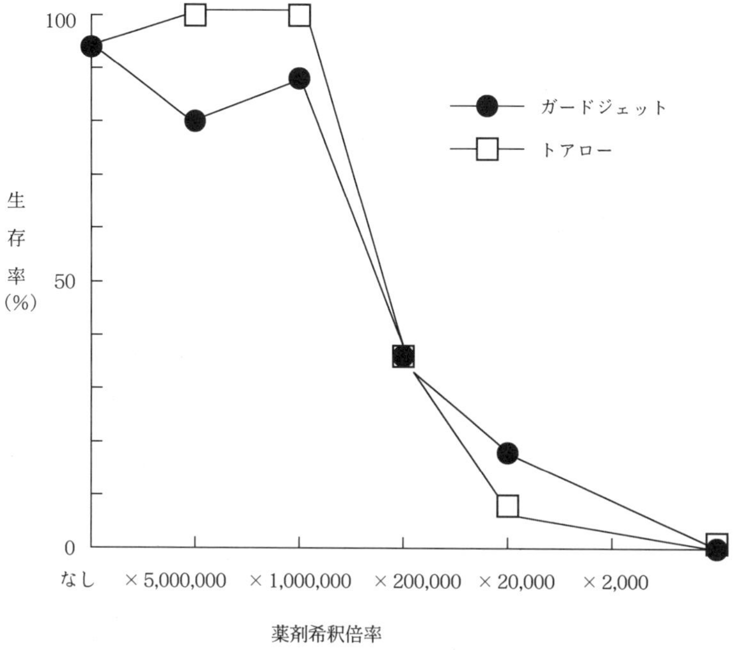


図Ⅱ-1　市販Bt剤のモンシロチョウ2齢幼虫に対する効果
$LC_{50}$：トアロー水和剤×245,000，ガードジェット水和剤×306,000

釈の溶液であった（図Ⅱ－1）.

実際の野外でのBt剤の使用では，薬剤は散布後に降雨で流されたり，紫外線によって分解されたりして短期間で不活化される．害虫は特定の時期に発生するので，その発生にあわせてBt剤を散布し，作物の表面についた有効成分（Btトキシン）を摂食した場合に害虫を防除できるという過程を考えると，害虫防除における害虫抵抗性遺伝子導入作物の有利性は非常に大きなものがあると言えよう.

## 3.2 非標的昆虫への影響（意図しなかった影響）

害虫抵抗性遺伝子を導入した作物の環境への影響として考えられる事項のうち最も重要なものは，本来，標的にしていない昆虫に対する影響であろう.

### 1）直接的な影響

害虫抵抗性作物の産生する物質が非標的昆虫に影響を与える場合，その拡散によると考えられる．拡散は2つに大別できる（表Ⅱ－6）．1つは，害虫抵抗性作物が産生する物質そのものが拡散することである．アメリカでのトウモロコシ花粉の拡散によるオオカバマダラ幼虫の生存率低下の事例がこれにあたる．

害虫抵抗性作物が産生する物質の拡散方法は，① 花粉が風で拡散する，あるいは送粉昆虫によって拡散する，② 収穫によって生産物が圃場外へ持ち出される，③ 標的外の動物が作物を摂食し圃場外に排泄する，④ 害虫以外の昆虫，例えばハチなどによって花蜜や葉が収集，利用される，等が考えられる．② については現状では的確に管理されていること，③ については，温血動物では大部分が消化されることから，実際的な問題にはなり得ない．④ については，花蜜に Bt トキシンが含まれるのかどうか不明なことや，トウモロコシの場合は風媒花で蜜腺を持たないことから問題にはならない．ハキリバチ等による葉の収集利用については該当する種類がいない．

害虫抵抗性遺伝子が導入されているトウモロコシ，ワタ，バレイショの3作物のうち，トウモロコシだけが風媒花で花粉の生産量が非常に多いことから，現時点で注意が必要なのは，① の風による花粉の拡散であろう．また，わが国では現在，栽培されていないが，害虫抵抗性遺伝子を導入したバレイショでは，収穫されずに圃場に残された子芋などが拡散の原因になる可能性が考えられる．

表Ⅱ－6　害虫抵抗性物質あるいは遺伝子の拡散

| |
|---|
| 害虫抵抗性物質の拡散 |
| ・花　粉：風による飛散，昆虫による持出し |
| ・作物体：人による収穫，動物による持出し，昆虫による持出し |
| ・根　　：土壌への滲出 |
| 害虫抵抗性遺伝子の拡散 |
| ・野生種との交配 |
| ・同種との交配 |

害虫抵抗性作物が産生する物質の拡散とともに危惧される問題として，これらの物質が何らかの形で蓄積する場合があげられる．例えばBtトキシンが根からの滲出するという報告がある（Saxena *et al.*, 1999）．土壌中に滲出したBtトキシンが土壌に吸着されて，長期間残留するという．このような状況が地下部を含む生態系にどのような影響を与えるのか明確ではない．

非標的昆虫への影響の2つ目として，害虫抵抗性遺伝子の拡散がある．遺伝子が拡散して，同種の未導入の作物に持ち込まれることや，遺伝子が導入作物以外の種に持ち込まれることが危惧される．わが国ではトウモロコシの栽培には交配種子が使われ，自家採種栽培はほとんどないことや，トウモロコシに近縁の交配可能な植物がないことから，トウモロコシではこのような問題は起こっていない．しかし，害虫抵抗性遺伝子を導入した作物の種類によっては上述したような問題が起こる可能性があろう．また，前述したようにバレイショの取り残しなど，栄養繁殖をする作物については注意する必要がある．

害虫抵抗性作物が産生する物質が非標的昆虫に摂食された場合の影響は2つに分けられる．1つは非標的昆虫が直接，害虫抵抗性作物の産生する物質を摂食した場合で，その影響は，基本的に標的昆虫の場合と同様であろう．すなわち，非標的昆虫種の増殖率を低下させることで，これは生存率を低下させる場合と，発育を遅延させる場合がある．これらは時間当たりの増殖率の低下という点では同義である．モンシロチョウで行われた試験では，餌である葉の上に載せた花粉の量が多くなるに従って，幼虫の生存率が低下する傾向があ

表 II-7　Btトウモロコシ花粉摂取によるモンシロチョウ2齢幼虫の処理3日目の生存率と3齢幼虫比率

| 花粉 | 花粉 (個/cm$^2$) | 生存率 (%) | | 3齢幼虫比率 (%) | |
|---|---|---|---|---|---|
| N4640Bt | 1,400 | 80 | a | 100 | a |
| | 2,800 | 88 | a | 100 | a |
| | 5,500 | 80 | a | 61 | b |
| | 11,000 | 88 | a | 39 | b |
| | 22,100 | 88 | a | 46 | b |
| DK789 | 1,400 | 88 | a | 100 | a |
| | 2,800 | 80 | a | 100 | a |
| | 5,500 | 88 | a | 100 | a |
| | 11,000 | 92 | a | 87 | ab |
| | 22,100 | 92 | a | 62 | b |
| 花粉なし | 0 | 96 | a | 97 | a |

注. N4640BtとDK789の説明は表5と同じ.生存率と3齢幼虫比率は多重検定を行った.異なる文字間には有意差あり.
花粉1,000個当たり重量を0.64mgで換算した.

り，また，幼虫齢期間が遅延し（表Ⅱ－7），幼虫体重が軽くなった．カイコ幼虫では，桑葉の上に花粉を載せるとこれを忌避するのか，花粉を載せない場合とは異なる摂食行動をとり，Bt 組換え，非組換えにかかわらず摂食量が少なくなるようであった．

### 2）間接的な影響

影響の2つ目として，拡散した物質を直接摂食するのではなく，これを摂食した害虫を捕食性天敵などが間接的に摂食する場合がある（表Ⅱ－8）．通常のトウモロコシ花粉と Bt トウモロコシ花粉を直接，天敵昆虫に餌として与えた場合，テントウムシ，ヒメハナカメムシ，クサカゲロウの発育日数，成虫体重等に餌間で有意差はないという報告がある（Pilcher *et al.*, 1997）．一方，Bt トウモロコシ花粉を食べた蛾の幼虫を捕食したクサカゲロウの発育日数や死亡率は，通常のトウモロコシ花粉を食べた幼虫を捕食した場合よりも有意に長く，また高い例がある（Hilbeck *et al.*, 1998 a）．また，Bt トキシンを入れた人工飼料で飼育したクサカゲロウの発育日数は Bt トキシンを入

表 Ⅱ-8　捕食性天敵の発育に対する Bt トウモロコシの影響

通常のトウモロコシ花粉と Bt トウモロコシ花粉を餌として与えた場合[9)]

*Coleomegilla maculata*（Coleoptera : Coccinellidae）テントウムシの1種
　発育日数,成虫体重,死亡するまでの日数に有意差なし
*Orius insidiosus*（Heteroptera : Anthocoridae ヒメハナカメムシの1種
　発育日数,成虫体重に有意差なし．
*Chrysoperla carnea*（Neuroptera : Chrysopidae）クサカゲロウの1種
　発育日数,成虫体重,死亡するまでの日数に有意差なし

通常のトウモロコシと Bt トウモロコシを食べたガ類幼虫を捕食したクサカゲロウの発育[2)]

*Chrysoperla carnea*（Neuroptera : Chrysopidae）
　発育期間の死亡率は Bt トウモロコシ摂食幼虫を捕食すると有意に高い．
　発育日数は Bt トウモロコシ摂食幼虫を捕食すると有意に長い．

Bt トキシンを入れた人工飼料によるクサカゲロウの発育[3)]

*Chrysoperla carnea*（Neuroptera : Chrysopidae）
　発育期間の死亡率は Bt トキシンを摂食すると有意に高くなる．
　発育日数は Bt トキシンを摂食しても差はない．

れても入れなくても差がないが，死亡率はBTトキシンを入れた飼料で飼育すると有意に高くなる例が知られている（Hilbeck *et al.*，1998 b）．ここにあげた例からは一定の傾向が認められないが，害虫抵抗性作物が産生する物質を食べた害虫を，その天敵が捕食した場合に，種によっては何らかの影響があるものと考えられる．

# 4．害虫抵抗性作物が産生する物質に対する昆虫の反応

## 4.1 昆虫の反応

Btトキシンに対する昆虫の反応は，感受性の標的昆虫と非標的昆虫とで基本的には同じである．すなわち，Btトキシンを大量に摂食すると速やかに死亡に至るが，少量の場合には発育遅延や成虫の小型化をもたらすことである．異なる点は，標的昆虫の場合には，恒常的に，かつ広範囲に強い選択圧を受けるため，作物が産生する物質に対する抵抗性系統を発達させる可能性がある（高務，2000）．一方，非標的昆虫の場合には，害虫抵抗性作物が産生する物質に一時的，あるいは局所的にさらされるので，抵抗性系統を発達させる可能性は考えにくい．

## 4.2 作物が産生する物質に対する害虫の抵抗性発達

Btトキシンに対する害虫の抵抗性発達は，Bt剤が広く使用されようになった比較的初期から知られている（浜，1991）．害虫抵抗性としてBtトキシンを導入した作物を栽培するにあたって，アメリカでは2割程度の非組換え作物を隣接して栽培するように指導し（IRM：Insect Resistance Management），これを保護区と呼んだ（USEPA，2000）．保護区の作付け範囲，面積は各種の条件によって異なっている（表II－9）．これによってBtトキシンに対する害虫の抵抗性発達を抑えようとするものである．

この方法は，害虫の抵抗性に関与する遺伝子が劣性，あるいは不完全劣性の場合にはある程度有効と考えられる．しかし，これまでに知られているBt剤，あるいはBtトキシンに対する害虫の抵抗性の遺伝様式は多様であり，一

表Ⅱ-9　Bt作物についての害虫抵抗性管理（IRM）の基準

| 作　物 | 条　　件 | 通常作物の作付け義務 |
|---|---|---|
| Btトウモロコシ | 経済的な被害限度を上回る場合 | 20％の保護区 0.25,0.5マイル |
| | 保護区に農薬を撒かない場合 | 20～30％の保護区 |
| | Bt剤以外の農薬を散布する場合 | 40％の保護区 0.5マイル |
| | Bt綿が同地域に栽培する場合 | 50％の保護区 |
| Bt綿 | 保護区に農薬を撒かない場合 | 4％の保護区 |
| | 郡,地区の75％以上がBt綿の場合 | 4％の保護区 |
| Btバレイショ | 全区 | 20％の保護区 |

注. USEPAのホームページから改変.

表Ⅱ-10　Bt剤またはBtトキシンに対する抵抗性の遺伝様式

| 種　　名 | Btの種類 | 遺伝子座 | 遺伝様式 |
|---|---|---|---|
| ノシメマダラメイガ | Bt剤（Dipel） | 1個の遺伝子座 | 劣性・不完全劣性 |
| タバコスズメガ | *B.t. kurstaki* HD-1 | 数個の遺伝子座 | 不完全優性 |
| タバコスズメガ | Cry I Ab, Cry I Ac | 1～数個の遺伝子座 | 不完全劣性 |
| コナガ | *B.t. kurstaki* | 1～数個の遺伝子座 | 劣性・不完全劣性 |
| コロラドハムシ | Cry III A | －－ | 不完全優性 |
| ヨーロッパアワノメイガ | Bt剤（Dipel） | 1～数個の遺伝子座 | 不完全優性 |

注. 高務（2000）から改変.

部の害虫に不完全優性遺伝をするものが知られる（表Ⅱ－10）（高務，2000）．特にヨーロッパアワノメイガで不完全優性遺伝するという報告があり（Huang *et al.*，1999），バレイショの重要害虫であるコロラドハムシでも同様に不完全優性遺伝が報告されており，保護区を設けるような抵抗性発達の管理法にとっては脅威となろう．

## 4.3 害虫抵抗性物質導入作物の圃場生態系への影響

以上をとりまとめると，害虫抵抗性物質を導入した作物は，前述したような拡散による直接的な影響の他にも，表Ⅱ－11に示すような圃場生態系，あるいは圃場周辺生態系へ与える影響について考慮する必要があろう．

表 II - 11　害虫抵抗性トウモロコシの圃場生態系へ与える影響

| |
|---|
| 害虫抵抗性物質に対する害虫の抵抗性発達 |
| ・Bt トキシンに対する害虫の抵抗性発達は既知<br>・薬剤散布よりも強い選択圧？ |
| 天敵相への影響 |
| ・天敵に対する直接的影響<br>・捕食性天敵，寄生性天敵に対する害虫を通した間接的影響<br>・害虫－天敵個体群間の関係変化 |

## 5. おわりに

以上のように，害虫抵抗性遺伝子導入作物と昆虫との関係を，作物と害虫，あるいは植物と食植性昆虫という観点からみると，また異なった側面が見えてくる．従来の交配育種の場合には，作物と害虫の共進化の結果を引き継いでいるので，作物あるいは作物に近縁な植物の性質が持ち込まれることから，害虫以外の昆虫への影響を考える必要はほとんどない．

新形質を作物に導入した場合にも，作物と害虫との関係は，基本的には従来の育種法で作出された作物と同じであろうと考えられる．しかし，その環境への影響については注意する必要がある．表 II － 12 に従来の交配育種による害虫抵抗性の導入（DIMBOA）と遺伝子導入による害虫抵抗性導入（Bt トキシン）の例を示した．DIMBOA の場合には害虫抵抗性の発現時期や部位が限定されており，歴史的に各種の影響が観察，調査されている．Bt トキシンの場合には害虫抵抗性の発現時期や部位が限定されておらず，各種の影響についても考え得る調査が行われているが，オオカバマダラのような不測の事態が起こる可能性がある．

環境影響調査は，基本的には害虫抵抗性遺伝子導入植物体（遺伝子）の拡散に留意すればよい．これに関連して，害虫抵抗性物質の超微量検出法が必要となるが，場合によっては最も感度の高い生物検定法を確立する必要がある．

表 Ⅱ-12　導入方法によるトウモロコシの害虫抵抗性の違い

交配育種による害虫抵抗性（DIMBOA）

・害虫抵抗性の発現時期，場所限定：トウモロコシの若い時期に，葉や葉鞘に発現
・歴史的なスクリーニング

遺伝子導入による害虫抵抗性（Bt トキシン）

・害虫抵抗性の発現時期，場所非限定：害虫が攻撃しない場所にも発現
・考え得るスクリーニング

このような観点からすると，今回の Bt トウモロコシとオオカバマダラの問題は，植物と昆虫，作物と環境の新しい局面の始まりなのかも知れない．我々は害虫抵抗性遺伝子導入という非常に強力な手段を手に入れたのであるから，これを有効に利用していくには細心の注意を怠ってはならないであろう．

## 引用文献


1）浜　弘司（1991）害虫の BT 剤抵抗性の特徴とメカニズム.植物防疫，45，502-505
2）Hilbeck, A., M. Baumgartner, P.M. Fried and F. Bigler（1998a）Effects of transgenic *Bacillus thuringiensis* corn－fed prey on mortality and development time of immature *Chrysoperla carnea*（Neuroptera：Chrysopidae）. Environ. Entomol., 27, 480-487
3）Hilbeck, A., M.J. Moar, M. Pusztai－Carey, A. Filippini and F. Bigler（1998b）Toxicity of *Bacillus thuringiensis* cry1Ab toxin to the predator *Chrysoperla carnea*（Neuroptera：Chrysopidae). Environ. Entomol., 27, 1255-1263
4）堀　秀隆（1991）微生物殺虫剤，Bt トキシンタンパクの研究の最近の進歩．植物防疫，45，493-497
5）Huang, F., L. L. Buschman, R. A. Higgins and W. H. McGaughey（1999）Inheritance of resistance to *Bacillus thuringiensis* toxin（Dipel ES）in the European corn borer. Science, 284, 965-967
6）飯塚敏彦（1995）天敵微生物の改変と利用.植物防疫，49，466-471
7）宮本和久，和田早苗，嶋崎　旭，小瀬川英一，黄川田隆洋（1999）蚕の *Bacillus thuringiensis* δ－内毒素に対する感受性の品種間差異.蚕糸・昆虫技術研究所主要成果

8) 農業環境技術研究所Btコーン調査検討委員会（2000）害虫抵抗性遺伝子組換えトウモロコシの生態系への影響評価に関する緊急調査実施報告書, p.67, 農林水産省農業環境技術研究所
9) Pilcher, C. D., J. J. Obrycki, M. E. Rice and L. C. Lewis（1997）Preimaginal development, survival, and field abundance of insect predators on transgenic *Bacillus thuringiensis* corn. Environ. Entomol., 26, 446-454
10) Losey, J. E., L. S. Rayor and M. E. Canter（1999）Transgenic pollen harms monarch larvae. Nature, 399, 214
11) Saxena, D., S. Florest and G. Stotzky（1999）Insecticidal toxin in root exudates from Bt corn. Nature, 402, 480
12) 高務　淳（2000）BT剤に対する害虫の抵抗性の特徴と管理.植物防疫, 54, 246-251
13) United States Environmental Protection Agency Home Page（2000）Position paper on insect resistance management in Bt crops. < http :// www/ epa.gov/ >

（斉藤　修）

# Ⅲ．農業環境技術研究所における Btトウモロコシ緊急調査

## 1．緊急調査の経緯と成果の利用

アワノメイガの幼虫は，トウモロコシの子実や葉を食害するばかりでなく，茎に穴を開けて侵入し茎の中を食い荒らしてトウモロコシの生育に害を与え収量の低下を招いている．アワノメイガを含む鱗翅目昆虫は *Bacillus thuringiensis*（Bt菌）という微生物が生産する殺虫性タンパク質を摂取すると消化活動が阻害され死に至ることが知られている．この特性を利用し殺虫性タンパク質を生産する遺伝子を作物に導入して，アワノメイガに抵抗性を持たせた遺伝子組換えトウモロコシ（以下，Btトウモロコシ）が，1996年から米国で栽培され，その後，アルゼンチンやカナダなどでも栽培が行われている．

1999年5月，米国コーネル大学のLoseyらは，オオカバマダラ（マダラチョウ科）の幼虫を用い，食草であるトウワタ葉上にBtトウモロコシの花粉を振りかけて摂食させたところ，4日間で44％が死亡し，生き残った幼虫の発育も悪いことを報告し，Btトウモロコシの栽培に関連する安全性評価に必要なデータを収集する必要があることを英国の科学雑誌Natureに発表した．この論文は，その後，遺伝子組換え作物の新しいタイプの環境影響として世界中に波紋を投げかけた．

しかし，その後，この報告には野外条件下における花粉の飛散状況，トウワタの生態分布や葉上における花粉量の分布などが考慮されていないため，この研究報告をもってBtトウモロコシが，自然の昆虫相に予想外の影響を及ぼすものと結論づけることは適切でないと指摘された．

わが国では，花粉にBtトキシンを産生するBtトウモロコシについては，栽培を目的とした安全性の確認を受けた品種が1品種あるが，今のところ国

内で栽培されていない(2002年2月現在). しかし, 今後, Btトウモロコシを大面積で栽培した圃場の近傍にチョウの生息地がある場合には, 本来の目的とする害虫の防除効果を越えてLoseyらの研究で指摘されたような自然の昆虫相に及ぼす影響を検討する必要がある.

これらの影響を検討するに当たっての要点として,以下の事柄が考えられる.

自然条件下でトウモロコシ圃場周辺に生育する植物の葉上に堆積する花粉の量は, 圃場からの距離, 気象条件, 植生および植物の形状によって大きく変化すると考えられる. また, 鱗翅目昆虫によるトウモロコシ花粉の摂食量も, 昆虫の種類, 花粉の堆積状態や採餌行動により様々に変化することが予想されるため, 以下の疑問点を明らかにするために具体的な調査を行った.

①自然条件では, トウモロコシ花粉はどれくらい飛散し, 堆積するか?

②花粉の飛散に好適な条件が継続した際, 最大でどれくらいの花粉が堆積するか?

③ Btトウモロコシ花粉中には, どれくらいのBtトキシンがふくまれているか?

④ Btトキシンを含む花粉を昆虫に摂食させた時, どれくらいの量で影響が現れるか?

⑤わが国のレッドデータブックに記載されている鱗翅目昆虫のうち, どのような種類が影響を受けそうか?

また, これらの調査によって得られた結果は, Btトウモロコシ花粉の飛散による生態的リスクを推定する際に必要であり, Btトウモロコシ栽培における安全性を確保するための評価項目ならびに評価基準を設定する際の基礎資料として極めて重要であると考えられる.

この緊急調査では, 上記①〜⑤の問題点を明らかにするために, 以下のテーマで調査研究を行った.

調査1：トウモロコシ花粉の飛散と堆積状況

調査2：トウモロコシ花粉の飛散モデルの作成

調査3：Bt組換えトウモロコシ花粉中のBtトキシンの検出

Ⅲ. 農業環境技術研究所におけるBtトウモロコシ緊急調査

ア. 免疫化学的検出

イ. 生物検定による検出

調査4：わが国における鱗翅目のレッドデータブック掲載種への影響評価

これらの調査結果の詳細については，後述するが，この緊急調査における調査項目の事前検討や調査結果に関する考察については，植生，昆虫，気象，農薬などの専門家からなる検討委員会を設け，各専門の立場から様々な観点に基づいて論議された.

また，これらの試験結果も参考にして，農林水産技術会議の組換え体利用専門委員会および同植物小委員会で検討した結果，農林水産技術会議事務局は以下の結論を得て平成13年3月14日にプレスリリースした. 以下はその引用である.

(1) 環境庁レッドデータブックに掲載されているわが国のチョウ目昆虫の絶滅危惧種等は，分布域，生息環境，幼虫出現時期，食草，採餌行動等から判断して，トウモロコシの花粉による影響を受ける可能性は，実際上無視し得るほど小さいと判断される.

(2) トウモロコシ圃場の周囲が生息地の一部となりうるモンシロチョウやヤマトシジミ等のチョウ目昆虫普通種についても，Btトウモロコシ花粉の影響を検討したが，

① トウモロコシの花粉の落下数は，圃場から離れるとともに指数関数的に急減し，花粉が飛散しやすい気象条件下で開花期間中（約2週間）の落下花粉が全て葉上に堆積すると仮定した過大な推定であっても，圃場から10 m離れた地点で約4,000個/ $cm^2$，20 m離れると約1,600個/ $cm^2$ であったこと（注：花粉中にBtトキシンを発現するBtトウモロコシに関しては，国内栽培を目的とした開放系での利用について安全性が確認されていないため，生殖特性が同等の非組換えトウモロコシを用いて実施）

② ネイチャー誌の報告にあったものと同じ品種のBtトウモロコシの花粉を付着させた食草を摂食させた実験で，生存率の低下や発育遅延が認められる花粉密度は，モンシロチョウの幼虫で3,100個/ $cm^2$ 以上，ヤマトシジミの

2齢幼虫で4,000個/ $cm^2$ 以上であったことから，危険性を最大限に見込んでも，圃場から20 m離れれば，これらのチョウ目昆虫には影響がなく，また，その生息域がトウモロコシの圃場の近傍に偏るということは現実的にあり得ないことから，周辺地域に生息するチョウ目昆虫普通種の種個体群の存続に関わるような悪影響を与える可能性は，実際上ないと判断される．

(3) (1) および (2) より，ネイチャー誌で報告されたBtトウモロコシと同程度のBtトキシンを花粉に発現するBtトウモロコシを一般圃場において栽培した場合には，チョウ目昆虫の種個体群の存続に関わるような悪影響を与える可能性は，実際上無視し得るほど小さいと判断される．

(4) 但し，花粉におけるBtトキシンの発現量が極めて高い系統が栽培される可能性を考慮し，Btトキシンを花粉で発現するBtトウモロコシを栽培するための環境影響評価項目として，以下の事項を定めるべきである．

評価事項の概要

(1) Btトウモロコシの花粉中のBtトキシン発現量について

①化学的定量法による検出結果

②バイオアッセイによる検出結果

③Btトウモロコシとその兄弟系統等における発現量

(2) Btトウモロコシの生殖特性について

①花粉の大きさ・花粉稔性・花粉量・開花時期・期間等の生殖特性

また，生殖特性が従来品種の変異の幅を超える場合は，以下の事項も評価

②花粉飛散距離および花粉落下数ならびにこれらの関係

③特に，開花時期・期間が従来品種の変異の幅を超えるときは，環境庁レッドデータブックに記載された絶滅危惧種・危急種・希少種のチョウ目昆虫への影響

これらの検討結果を踏まえ，農林水産技術会議事務局は，「農林水産分野等における組換え体の利用のための指針」の評価事項について関係機関に対して通知を行った．

（松尾和人・松井正春）

## 2. トウモロコシ花粉の飛散と堆積状況

Loseyら（1999）はBtトウモロコシから産出される花粉に発現するBt毒素が標的害虫以外の生物に及ぼす影響について，トウモロコシ圃場周辺に生育するトウワタとその葉を食草とするオオカバマダラの幼虫を用いた実験を行った．しかし，彼らが行った実験についてオオカバマダラ幼虫に与えられたBtトウモロコシ花粉の量が現実を反映しているかどうかに関する点が指摘された．ここでは，実際のトウモロコシ圃場の周囲に飛散するトウモロコシ花粉の分布と飛散距離との関係を明らかにするのに必要な基礎的なデータを得るために，トウモロコシ圃場の風下における花粉の飛散距離ならびに落下した花粉の分布の実態を紹介する．

調査はトウモロコシ（デントコーン）が植えられた36.3 a（南北40.4 m，東西89.8 m）の圃場内外（図Ⅲ－1）にダーラム型花粉採集器という一般的な花粉採集器（図Ⅲ－2）を，図Ⅲ－3のように8カ所（C，B1，B2，N1，N2，N3，N4，N5）に設置した．そして，地表120 cmおよび125 cmの高さにワセリンを塗布したスライドグラスを乗せ，それに付着した花粉を染色して顕微鏡の下で数をかぞえた．ここでは地表120 cmで捕集された花粉の数を風に乗って飛散してきた花粉の数（飛散花粉数）とし，花粉採集器の屋根（125 cm）で捕集された花粉の数は，圃場内や圃場の近くで落ちてきた花粉も含むので「落下花粉数」と呼ぶことにする．

図Ⅲ-1　花粉源であるトウモロコシ圃場から風下に向かって引いたライン上に設置した花粉採集器

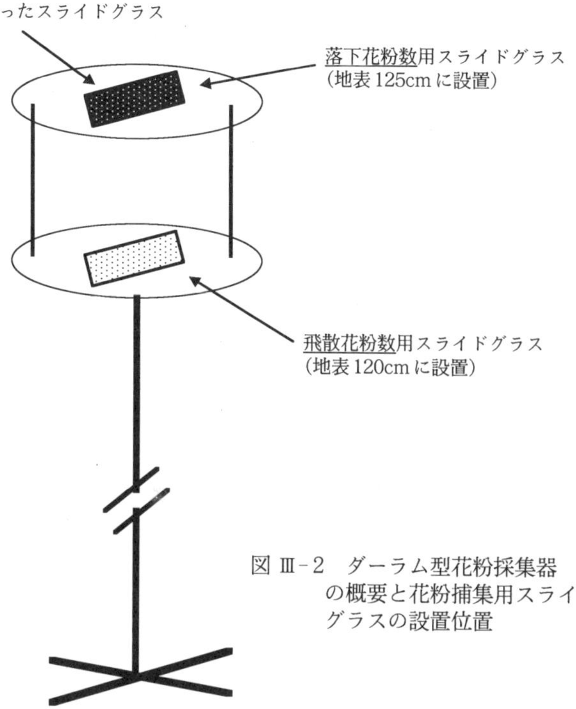


図 Ⅲ-2　ダーラム型花粉採集器の概要と花粉捕集用スライドグラスの設置位置

## 2.1 トウモロコシの花粉飛散期間と花粉数の日変動

調査したトウモロコシ圃場では，7月23日に花穂をあげた個体が散見され，圃場内のCおよびB1サイトでは，調査開始日（7月25日）にそれぞれ6個ならびに5個の花粉が観察された．また，両サイトとも飛散花粉数は調査開始後1週間目（7月31日）で最大値を示し，その後減少し始め，終了日（8月12日）では，それぞれ1個ならびに2個の花粉しか記録されなかった（図Ⅲ－4）．両サイトともトウモロコシ圃場内に設置されているため，風向風速が大きく変化しても付着した花粉の有無によりトウモロコシ圃場の花粉の飛散期間を推定することが可能と考えられるため，このトウモロコシ圃場における花粉飛散期間は7月23日頃から8月12日頃までの21日ほどと考えられる．

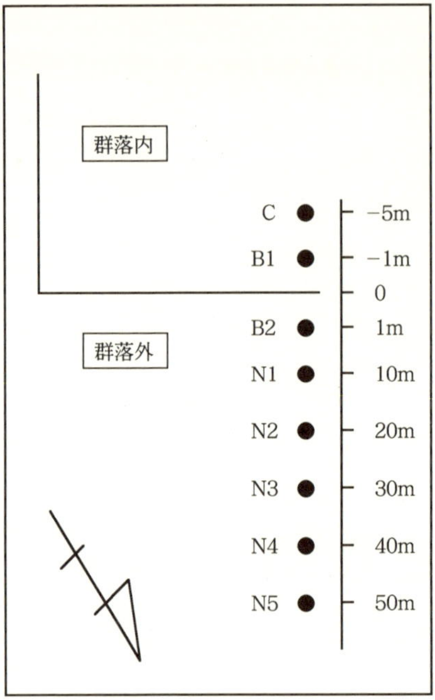


図Ⅲ-3　花粉採集器の配置
C：トウモロコシ群落内，群落縁より内側へ5m入った位置に設置.
B1：群落内，群落縁より1m入った位置に設置.
B2：群落外，群落縁より1m外側の位置に設置.
N1〜N5：群落外，群落縁より外側へそれぞれ10m,20m,30m,40m,50mの位置に設置

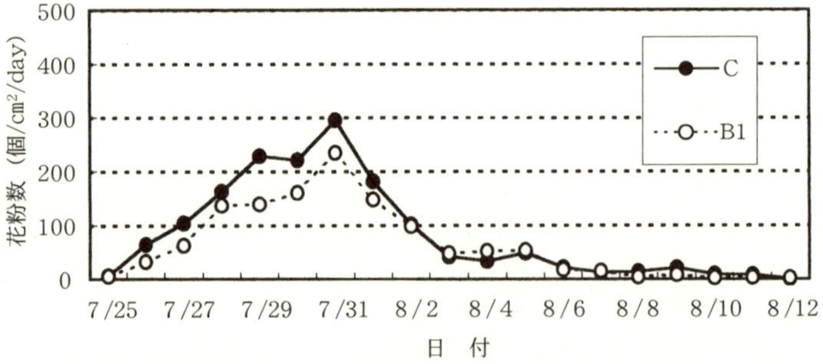


図 Ⅲ-4　群落内サイト C と B1 における空中花粉飛散数の変動

落下花粉数の変動は，圃場内のサイト C，B 1 と圃場外の B 2 ではパターンも花粉数も類似しており，いずれも 7 月 31 日に最大となり，各サイトとも約 1,100 個/ $cm^2$ の数が観察されている（図Ⅲ－5，図Ⅲ－6）.

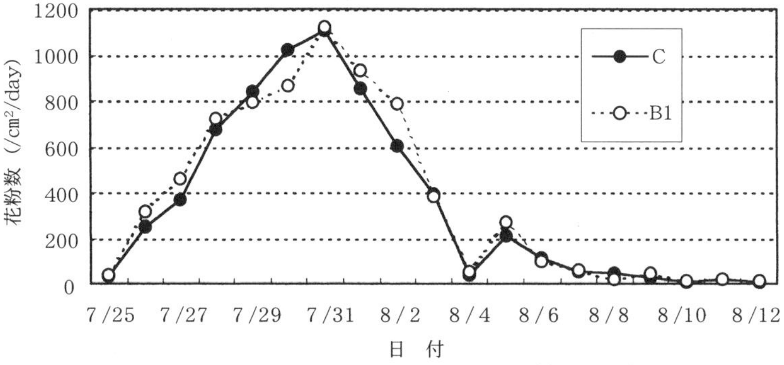


図 Ⅲ-5　群落内サイト C と B1 における落下花粉数の変動

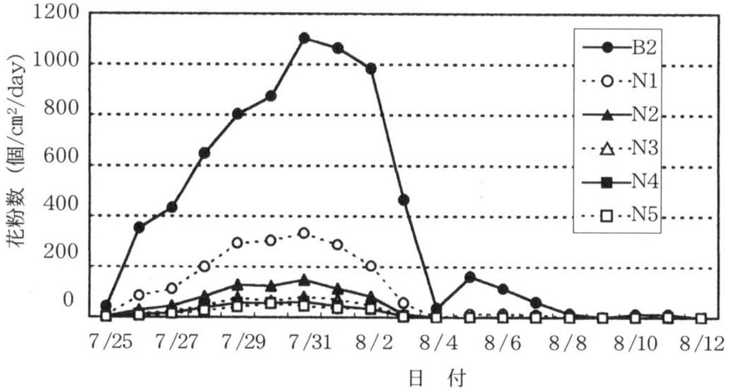


図 Ⅲ-6　群落外サイト B2,N1,N2,N3,N4,N5 における落下花粉数の変動

## 2.2 圃場からの距離と花粉数との関係

図Ⅲ－7は，飛散花粉数および落下花粉数とも最大となった7月31日での落下花粉数をサイトごとに並べたものである．圃場内のサイトでの花粉数に大きな差は見られないが，圃場外に設置したサイトでは圃場より離れるに従い花粉数は急激に減少し，圃場の縁より50 m 離れたサイト N 5 では，圃場縁のサイト B 2 での値の約 4 %まで減少している．

また，調査期間中にトウモロコシ圃場の外のサイトで記録した落下花粉が

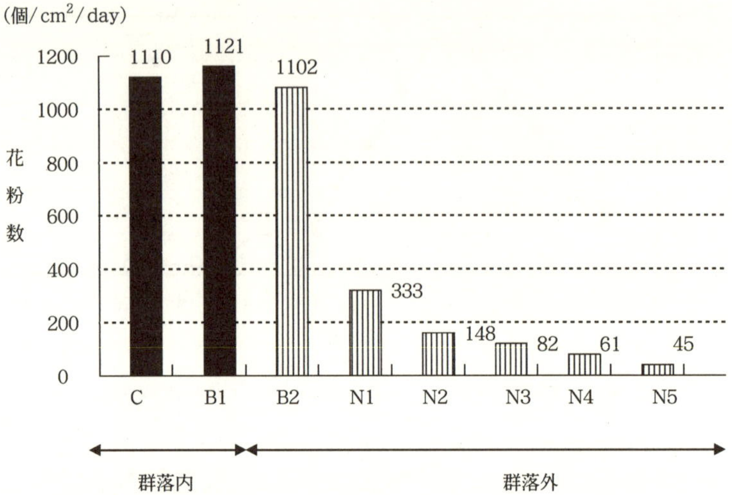


図 Ⅲ-7　花粉飛散最盛期（7月31日）における各サイトの落下花粉数

流出もせず，その場にすべて堆積した場合の数（堆積花粉数）と圃場からの距離との関係を明らかにするために，各サイトの堆積花粉数の分布（図Ⅲ－8）ならびに圃場の縁からの距離と堆積花粉数との関係を指数関数で回帰したものを示した（図Ⅲ－9）.

圃場外のサイトでは，圃場縁より外側1mに設置したサイトB2で最も高く（7,182個/cm$^2$，次いでN1（1,927個/cm$^2$）であった．圃場内のサイトB1，CもB2に次いで高い値を示したが，圃場外のB2に比べわずかに低いのは，圃場内に落下した花粉の一部がトウモロコシ葉層に付着するためと考えられる.

また，落下花粉数の実測値によりトウモロコシ圃場縁からの距離と圃場外に落下し堆積した花粉の総数（堆積花粉数）との関係を見ると，非常に密接な関係があり，明らかに圃場から離れるに従い堆積する花粉数は著しく減少することがわかる．また，圃場外に堆積した花粉の約64％が圃場縁から10m以内に堆積し，20m以内には約81％が堆積することがわかる（図Ⅲ－9）.

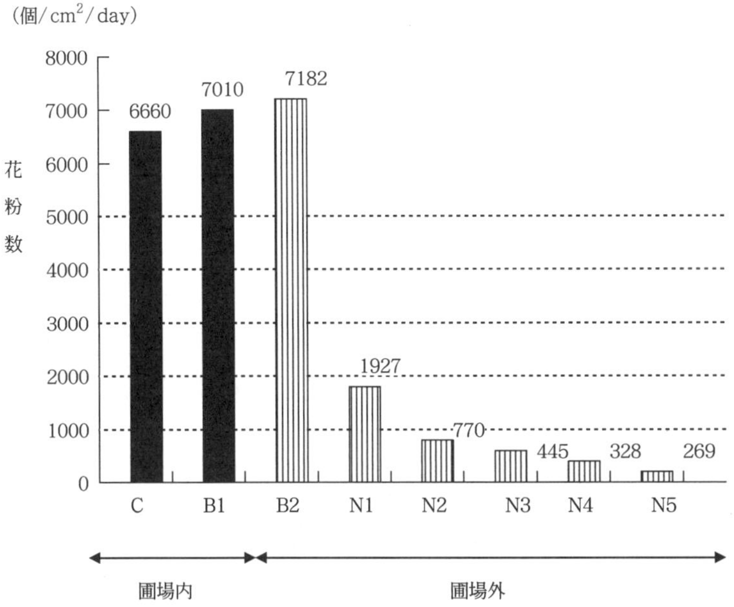


図 Ⅲ-8　各サイトにおける堆積花粉数.
調査期間における落下花粉数の総和をサイトごとに示した.

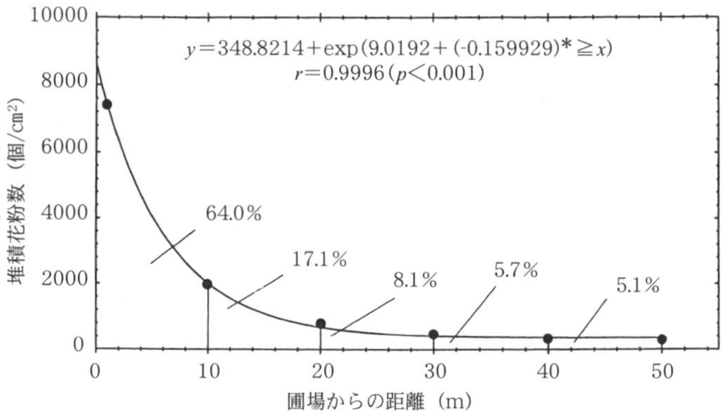


図 Ⅲ-9　トウモロコシ圃場からの距離と堆積花粉数の分布.
堆積花粉数の分布率は,回帰曲線と軸の間の面積より求めた.

## 2.3 天候と花粉の流出

Pleasantsら（1999）は，トウワタ葉とグリセリンを塗布したスライドグラスに付着した花粉数を比較し，トウワタ葉はグリセリンを塗布したスライドグラスの30％しか花粉を付着しないこと，ならびに，強い雨により約90％の花粉が流出することを報告している．本調査期間中では，8月4日，9日，12日にそれぞれ57.0 mm，8.0 mm，1.5 mmの降雨が記録された（農業環境技術研究所 気象管理科測定記録）．その中で8月4日の降雨による影響が最も大きく，圃場内サイト（C，B 1），および圃場外サイト（B 2，N 1）における降雨による花粉の平均流出率はそれぞれ85.3％，92.7％と推定された．圃場外サイトにおける値は，Pleasantsら（1999）の報告に述べられている強雨後のトウワタ葉上における流出率（約90％）と類似し，降雨によりほとんどの花粉が流出すると考えられる．

## 2.4 花粉の飛散距離と落下花粉総数の分布

Loseyら（1999）によるBtトウモロコシ花粉によるオオカバマダラへの影響に関する報告以来，これに関する論議ならびに対応が行われている．特に，1999年11月にシカゴ郊外ローズモント市において開催されたABSWG（Agricultural Biotechnology Stewardship Working Group）主催によるシンポジウム“Monarch Butterfly Research Symposium”は，Btトウモロコシがオオカバマダラ幼虫に及ぼす影響に焦点を絞った総合的な研究会で，トウモロコシ花粉の飛散距離についても複数の研究例が報告されている．

このシンポジウムの中でBtトウモロコシ圃場からの距離と花粉飛散量との関係について，Sears（1999）は，90％の花粉が圃場縁から5 m以内に落下し，それ以上の距離では新生幼虫に対する影響は極めて微量であると報告している．Hellmichら（1999）は，花粉飛散期間においてトウワタ葉に付着した花粉の密度を3段階に分けている．すなわち，非常に高密度（600個/ $cm^2$まで），高密度（150個/ $cm^2$まで），並の密度（60個/ $cm^2$まで）に分類し，非常に高密度とされる箇所は彼らの調査圃場内においては稀であるが，高密度，並の密度の箇所は圃場の縁よりそれぞれ 1 m 以内，2 m 以内に分布していることを報告している．また，Pleasants ら (1999) は，Bt トウモロコシ圃場の風下 60 m 以上における落下花粉数は，無視出来るほどわずかであると報告している．同様にトウワタ葉に付着した花粉数について Dively (1999) は，約 3 m 以上圃場内に入った箇所での花粉密度は平均 229 個/ $cm^2$ で最も高く，圃場内でも縁より約 3 m 以内では，約 81 % (43 個/ $cm^2$) まで減少したこと，また圃場外では，縁より約 3 m 以内では 91 %減少し，それより約 30 m 以内では 99 %の減少が見られると報告している．また，30m 以上では 99.7 %の減少が見られることを報告している．

この調査でデントコーンを用いてトウモロコシ圃場から圃場外に飛散や落下し，ワセリンを塗布したスライドグラス上に堆積する花粉の総数 (堆積花粉数) を調べた結果，圃場縁より 10 m 以内に圃場外に出た花粉総数の約 64 %が堆積し，20 m 以内には約 81 %が堆積することが明らかになった．また，圃場から離れるに従いその頻度は急激に減少し 40〜50 m の間では，約 5.1 %まで減少することが明らかになった．この結果は，飛散したトウモロコシ花粉の多くが圃場の近隣に集中的に落下するという一連の報告と一致する．

また，これまでトウモロコシの花粉飛散距離に関しては，主にトウモロコシ育種における隔離距離の推定に関して報告されている．それによると標準的な隔離距離は，200 m とされており (Kwon & Kim, 2001)，トウモロコシ花粉の潜在的な飛散距離は本調査で得られた距離の 4 倍近くあると推定される．したがって，50 m 以上離れた地点における落下花粉数を予想するためにはモデル式等で推定するなどが必要である．

(松尾和人)

## 3. トウモロコシ花粉の飛散モデルの作成

### 3.1 花粉飛散量は気象条件で大きく変化する

既に述べたように，Losey ら (1999) は，Bt トキシンを発現する花粉をオオカバマダラの幼虫が摂食すると，生存率や生育の低下を招く可能性を報告した．彼らが花粉によってもたらされる環境への影響の重要性について問題を提起した意義は大きいが，トウモロコシ花粉の飛散距離や落下量については調べていない．これまでのトウモロコシ花粉の飛散に関する研究として，Raynor ら (1972) は，粒径の大きなトウモロコシ花粉の飛散状況を，より粒径の小さな花粉の飛散状況と比較して検討した．彼らは，トウモロコシの花粉は大きいために，他の多くの花粉に比べて速やかに下降し，生成源の近くにほとんどが落下することを明らかにした．また，生成源の風下 60 m で花粉の濃度は，風下 1 m の 1 %程度に減少すること，生成源の風下 60 m で大気中に留まっている花粉の量は，風下 1 m での量の 5 %程度に減少すること等を示した．Paterniani & Stort (1974) は，いくつかの大きさの異なるトウモロコシ畑からの花粉の飛散数を測定した．その結果，植物の開花個体数が花粉飛散数を評価するのに重要であることを示した．このように花粉飛散に関する従来の研究は，花粉症問題や植物交配研究の一環として扱われることが多かったため，空中に浮遊している花粉量，すなわち単位体積の空気中に存在する花粉数を研究対象としたものがほとんどである．

花粉による Bt トキシンの飛散を問題にする場合，風向や風速が花粉飛散に好適な条件で全開花期間が推移した場合に，花粉の総落下数がどれくらいになるかが重要である．これを，最大堆積花粉数と呼ぶことにする．また，よりきめの細かい取り扱いをするには，風向や風速が変わった場合にどのような落下数になるかを予測する必要も生じる．そこで先ず，観測された落下花粉数と風向・風速などの値を用いて，風向と風速が落下花粉数に与える効果をモデル化することを試みた．次に，このモデルを用いて，最大堆積花粉数が圃場からの距離によってどのように変わるかを明らかにした．詳細については，川島ら (2000) を参照されたい.

## 3.2 モデルの概要

ここでは，圃場の風下側で観測された落下花粉数の合計値を，風向や風速から説明することのできるモデルを考える．モデル化の前提条件や仮定として，

(a) 花粉観測値はトウモロコシ圃場の風下側6地点 (圃場から1 m，10 m，20m，30m，40m，50m) において観測された落下花粉数の日別合計値とする.

(b) トウモロコシの雄花が伸長し，花粉を放出しうる状態になる期間は，個体ごとには1週間程度であるが，トウモロコシ群落全体としての開花総数は，より長期間で推移する．この経時変化パターンを，群落の開花強度と呼び，二次曲線 (上に凸な放物線) で近似する.

(c) 観測される落下花粉数は，開花強度および風速に比例する.

(d) 観測される落下花粉数は，観測点と圃場がなす方向と風向のずれに比例して減少する．風向が南 (16 方位で 8) の時に観測点と圃場がなす方向に風が吹き，風向が東 (16 方位で 4) の時に観測点と圃場がなす方向に直角に風が吹く．今回のデータでは，風向は 8 から 4 の間にある.

(e) 花粉観測を開始した7月25日に，群落中に開花した個体は，まだほとんど見られなかった．よって，群落全体の開花強度を，7月24日をゼロとする.

以上の前提条件と仮定を式に表すと，以下のようになる.

$$P = a\ Sp\ Ws\ (1 - Wdd/90) \tag{1}$$

$$Sp = b\ t^2 + c\ t \tag{2}$$

ここで，$P$ は落下花粉数 (個/ $cm^2$ day)，$Sp$ は群落全体の開花強度 (個/ $cm^2$)，$Ws$ は日平均風速 (m/ s)，$Wdd$ は圃場と花粉観測点を結ぶ直線からの日平均風向の変位角 (度)，$t$ は日付で7月24日をゼロとする，$a$，$b$，$c$

は定数である.

(1) と (2) 式を展開し整理すると,

$$P = C1\,Wd\,Ws\,t^2 + C2\,Wd\,Ws\,t + C3\,Ws\,t^2 + C4\,Ws\,t \qquad (3)$$

となる. $P$を目的変数にして, 実測値に基づいて重回帰分析を行い, 4つの係数 ($C1$, $C2$, $C3$, $C4$) を求めた.

### 3.3 モデルの再現性

解析の結果得られた回帰統計は, 観測数19, 重相関係数$R$は0.984, 寄与率 (重決定係数) $R^2$は0.968, 自由度で補正した寄与率$R^2$は0.896, 標準誤差は126であった. この回帰式と, 実測で得た風向・風速を用いて推定落下花粉数を計算した. 図Ⅲ－10に, 実測落下花粉数と推定落下花粉数の関係を示す. 単純なモデルでありながら, 観測された落下花粉数の変動の約9割を

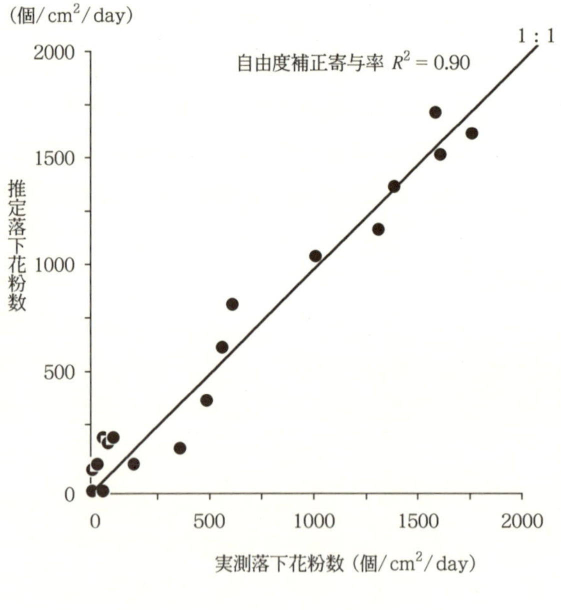


図Ⅲ－10 実測落下花粉数と推定落下花粉数の関係.
推定落下花粉数は開花強度,風向,風速等を考慮に入れた統計的モデルによって評価した.

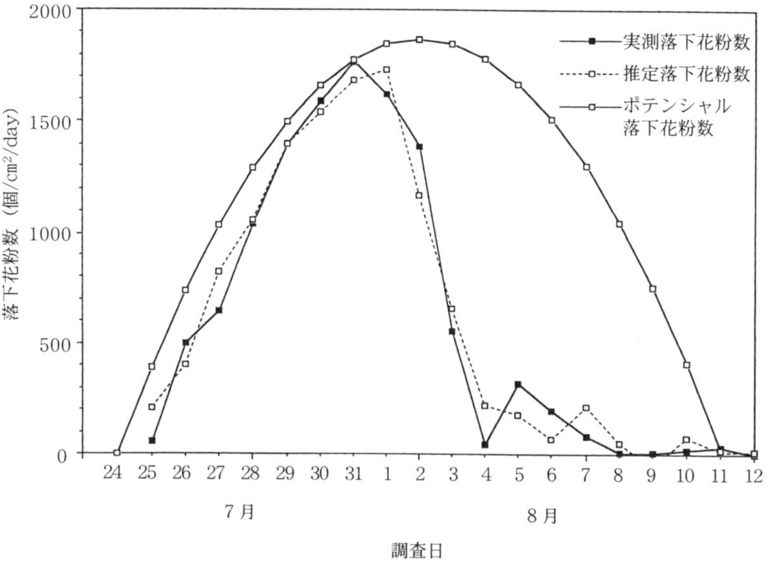


図 III - 11　実測落下花粉数と推定落下花粉数の経日変化,および花粉の飛散に好適な気象条件が続いたと仮定した場合の落下花粉数（ポテンシャル落下花粉数）の経日変化

説明できることがわかる．図III－11 に，実測落下花粉数と推定落下花粉数の経日変化を示す．全体的な変化の傾向はかなりよく再現できていることがわかる．この観測期間では，前半は風向・風速ともに花粉の飛散には好適な条件で推移したものの，後半において風向は徐々に東にシフトするとともに，風速がやや弱くなる傾向がみられた．そこで，上記の回帰モデルを用いて，全開花期間で日平均風向が南，日平均風速が 3（m/s）であった場合の落下花粉数を推定した．これは，花粉の飛散に好適な条件が継続した場合の落下花粉数であり，ポテンシャル落下花粉数（個/ $cm^2$ day）と呼ぶことにする．図III－10 にポテンシャル落下花粉数の経日変化を示す．パターンの形状は仮定条件から決まるものであるが，そのピークが観測されたピークよりかなり後にあることがわかる．すなわち野外実験で得られた落下花粉数の後半部分は，風の影響によって大きく減少したものであったと考えられる．ポテンシャル落下花粉数を全期間について合計したポテンシャル落下花粉総数と，

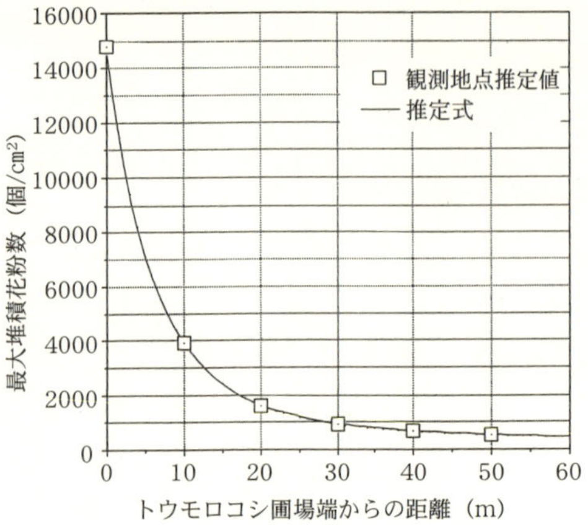


図 Ⅲ-12　圃場端からの距離に伴う最大堆積花粉数の変化

実測落下花粉数を全期間について合計した実測落下花粉総数の比は，約 2.0 となった．

本問題では，群落の全開花期間を通じて花粉の放出および同一場所への落下が継続した場合に，花粉の堆積数がどれくらいになるかを予測する必要がある（最大堆積花粉数）．圃場からの風下側距離に伴う落下花粉数の減衰パターンは，日によらずほぼ一定であった．細かい違いはあるものの，全落下花粉数が $N$ 倍すれば，各観測点の落下花粉数もおおよそ $N$ 倍になると考えられる．そこで，ポテンシャル落下花粉総数と実測落下花粉総数の比に基づいて，風下側の各観測点での最大堆積花粉数を推定した．図Ⅲ－12 に，圃場端からの距離に伴う最大堆積花粉数の変化を示す．図中の白抜き四角が観測点で推定された最大堆積花粉数であり，曲線は指数関数をあてはめて得られた以下の (4) 式である．

$$y = 14791\exp\left(-0.158x + 0.00275x^2 - 0.0000183x^3\right) \qquad (4)$$

ここで，$y$ は最大堆積花粉数 (個/ cm$^2$)，$x$ は圃場端から風下側への距離 (m) である．この曲線を用いれば，圃場から任意の距離における最大堆積花粉数が推定できる．この図から，堆積花粉数が 4,000 個以上でなければ問題とならないのなら 10 m 以上離れれば安全であること，堆積花粉数が 2,000 個以上でなければ問題とならないのなら 18 m 以上離れれば安全であること等がわかる．

## 3.4 まとめ

今回の実験で使用した圃場の大きさは，風向方向の幅が約 40 m，風向に直交する方向の幅が約 100 m である．この圃場において，トウモロコシの全開花期間を通じて，落下花粉数と気象条件の観測を行った結果，以下のことが明らかになった．

比較的単純な回帰モデルを用いて，風向と風速の影響を評価することができた．このモデルを用いて，花粉の飛散に好適な条件が全開花期間を通じて継続した場合に生じる，花粉のポテンシャル落下花粉数を推定した．さらに，圃場の風下端からの距離と最大堆積花粉数の関係を求めた．その結果，落下花粉数 4,000 個以上でなければ問題とならないのなら 10 m 以上離れれば安全であること，落下花粉数 2,000 個以上でなければ問題とならないのなら 20 m 以上離れれば安全であること，落下花粉数 1,000 個以上でなければ問題とならないのなら 30 m 以上離れれば安全であること，落下花粉数 500 個以上でなければ問題とならないのなら 55 m 離れれば安全であること等がわかった．

圃場からの距離と落下花粉数の関係は，トウモロコシの品種や畑の規模などによって変わると考えられ，検討が必要である．また，落下花粉数は，圃場の風下側エリア内の面的分布として推定する必要がある．これらの問題は，今後さらに野外実験を積み重ねたり，シミュレーションなどの手法によって明らかにされなければならない．また，より正確なモデルを構築するには多くの花粉飛散数データを必要とするが，多大な労力を要する．そこで，簡易かつ迅速に空中花粉数を計測できる手法の開発も今後の重要な課題である．

（川島茂人）

# 4. Btトウモロコシ花粉中のBtトキシンの検出

## 4.1 免疫化学的検出

Loseyら（1999）によって，Btトウモロコシの花粉がオオカバマダラに影響を及ぼすことが報告されたことで，組換えトウモロコシの品種の違いによるチョウなどへの影響を評価するために，免疫化学的方法によるBt花粉中のBtトキシンの定量的検出が必要となった．

ここでは，Btトウモロコシ（品種：N 4640 Bt（ノバルティス（現シンジェンタ））の凍結保存した花粉を用いてBtトキシン（Cry 1 Ab）の免疫化学的検出を試みた．1999年の緊急調査の時点では，Btトキシンの含有量についての情報がなかったので，まずウエスタンブロット法による検出を試みた．この方法は，本来，定量目的というよりは定性目的に適した手法である．試

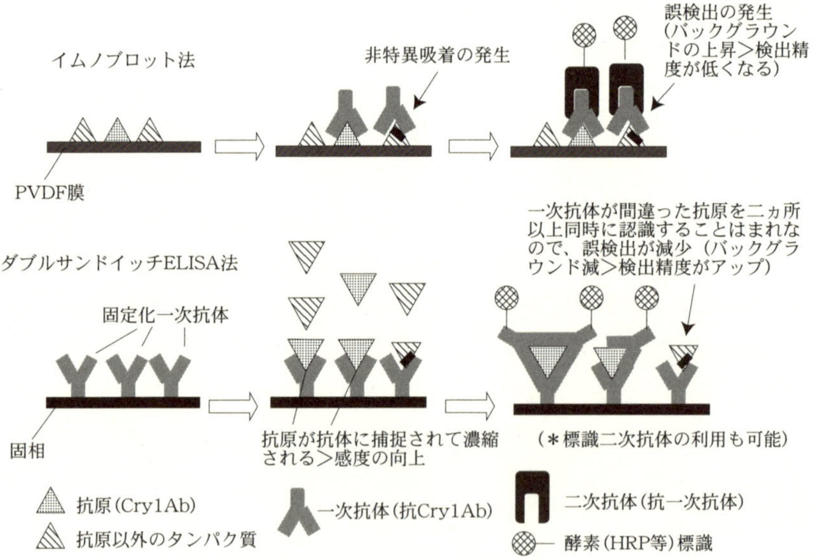


図 Ⅲ-13　イムノブロット法とダブルサンドイッチELISA法の説明図（ダブルサンドイッチELISA法の利点）

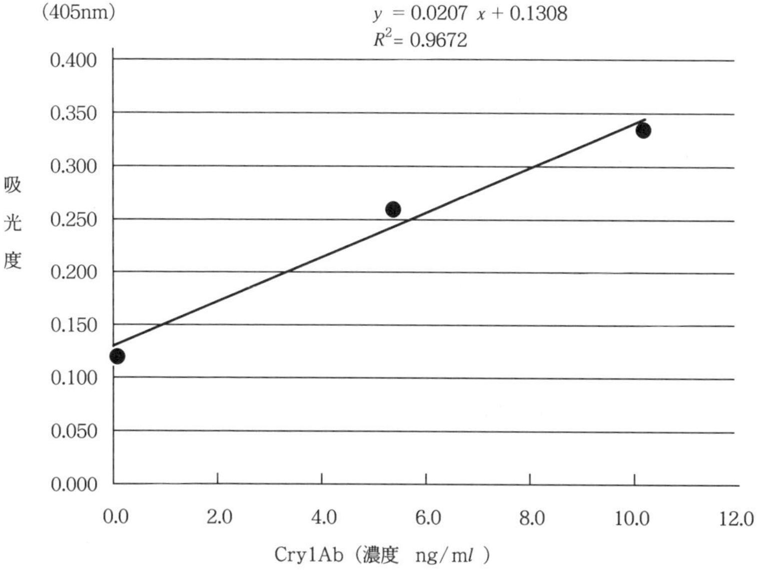


図 III-14 ダブルサンドイッチELISA法によるCry1Ab検量線

験の結果，検出限界はよく見積もっても560 ng/花粉1 g程度であった．この分析では，ポリクロナール抗体を用いたので，抗体がBtトキシン以外のタンパク質と反応することがある（図III－13）．花粉溶液中には多量のタンパク質が含まれているので，抗体の非特異反応が強く現れ，花粉中のBtトキシンが明確に検出されなかったものと思われる．

そこで翌年，抗原（Btトキシン）を抗体で挟み込むようにして検出するダブルサンドイッチELISA（DAS－ELISA）法（高橋，1988；Fearing *et al*., 1997）を用いて検討した．この方法は，抗原を2つの抗体で認識するために，感度が高く非特異反応による誤検出をある程度避けることができる．試験の結果，検出限界は30～50 ng/花粉1 g程度であった．ウエスタンブロット法とDAS－ELISA法の概念図を図III－13に示した．また，Btトキシン（Cry 1 Ab）の濃度と波長405 nmの光で測定した吸光度との関係を表す検量線を図III－14に示した．この方法によって測定したBtトウモロコシ品種

(N 4640 Bt) の花粉中の Cry 1 Ab 濃度は 62 ng/花粉 1 g であった (表Ⅲ－1).

なお，Bt トウモロコシの組織別の Bt トキシン Cry 1 Ab 含有濃度を表Ⅲ－2に示した (US EPA ホームページ，2001). 今回試験した，Bt トウモロコシ (品種：N4640 Bt) と，上記表中の Bt 11 は極めて近い系統である．N 4640 Bt と Bt 11 は同じ Bt トキシンと発現プロモーターを有しており，Bt トキシンの発現様式，発現量は両系統ともほぼ同じであると考えられる.

今後，トウモロコシの栽培条件による Bt トキシン (Cry 1 Ab) 濃度の変動，品種の違いによる Bt トキシン濃度の違い，花粉中の Bt トキシンの野外での安定性などについての検討が必要である.

(大津和久)

表 Ⅲ-1 Btトウモロコシからの Btトキシンの検出

| 試験方法 | 花粉1g当たりの Cry1Ab濃度 (ng/g) |
|---|---|
| DAS-ELISA法 | 62 |
| ウエスタンブロット法 | trace |

表 Ⅲ- 2 Btトウモロコシ系統の各組織中でのBtトキシンの発現量

| 活性成分 (系統名) | 葉 | 根 | 花粉 | 種子 | 全植物体 |
|---|---|---|---|---|---|
| Cry1Ab (Bt11) | 3.3ng/mg | 2.2-37.0ng/mg (タンパク質) | <90ng Cry1Ab/g (乾燥花粉重) | 1.4ng/mg (葯) | − |
| Cry1Ab (MON810) | 10.34ng/mg | − | <90ng Cry1Ab/g (乾燥花粉重) | 0.19-0.39ng/mg (花粉粒) | 4.65ng/mg |
| Cry1F (TC1507) | 56.6-148.9ng/mg (全タンパク質) | − | 113.4-168.2ng/mg (全タンパク質) 31-33ng/mg (花粉) | 71.2-114.8ng/mg (全タンパク質) | 803.2-1572.7ng/mg (全タンパク質) |
| Cry1Ac | 2.04ng/mg | − | 11.5ng/g | 1.62ng/mg | − |
| Cry3A | 28.27ng/mg | 0.39ng/mg (塊茎) | − | − | 3.3ng/mg |

注) 1994年の圃場データ
全ての値は，新鮮なトウモロコシを反映している.
米国環境保護庁 (EPA) ホームページから引用

## 4.2 生物検定による検出

### 1) はじめに

Losey ら (1999) は，Bt トウモロコシの花粉が飛散し，非標的昆虫であるオオカバマダラ (マダラチョウ科) の幼虫に影響を及ぼす可能性を報告した．しかし，彼らはこのチョウの食草であるトウワタの葉に花粉を振りかけて幼虫に摂食させたが，その時の花粉密度が不明であったために，果たして環境影響が生じ得るのかどうか分からないという批判がなされた．実際に，葉上に堆積する花粉密度はトウモロコシ畑から離れるほど低下するので (川島ら，2000)，Bt トウモロコシ花粉の非標的昆虫に対するリスク評価を行う場合には，圃場からの距離別の葉上の堆積花粉密度とその葉を摂食した時の幼虫への影響を知ることが必要である．

### 2) Bt トウモロコシ花粉の非標的鱗翅目昆虫へ及ぼす毒性を評価するために生物検定を行う意義

Bt トウモロコシ花粉中の Bt トキシン量は免疫化学的方法によって定量的に測定でき，生物検定よりも短時間に，かつ簡便に測定できる．これに対して，生物検定法には，① Bt トキシンの種類や検定対象昆虫の種の違いに起因する生物活性の違いを把握できる，② 実際に葉面上に堆積した花粉密度とこれを摂食する昆虫の反応との関係を直接的に知ることができる，③ 免疫化学的方法で必要な Bt トキシンとその抗体，測定用機器等がない場合にも実施できる，④ 検定用昆虫の Bt トキシンに対する感度はかなり高く，免疫化学的方法で検出限界以下しか発現していない場合にも，Bt トキシンを検出できる，という長所がある．

また，Bt トキシンに対して非常に感受性の高い昆虫を供試して生物検定を行うことによって，① 多数の個体を採集して生物検定を行うのが困難な稀少種に対する Bt トウモロコシ花粉の最大リスクを推定ための参考となる，② 様々な環境条件下における Bt トウモロコシ花粉の生物活性の変化を感度良く調査できるなど，免疫化学的方法では得にくい情報が得られる．

### 3）Btトウモロコシ花粉を摂食した5種の非標的鱗翅目昆虫の反応

筆者らは，日本で普通に見られるのチョウ類のうち，ヤマトシジミ，ウラナミシジミ，ナミアゲハ，モンシロチョウの4種，およびガ類のカイコ（品種：輪月）を加えた合計5種の鱗翅目昆虫を用いて，花粉密度の異なる葉片を摂食させたときの幼虫の死亡や発育への影響を調査した．

供試昆虫の1齢あるいは2齢幼虫にBtトウモロコシ（品種：N 4640 Bt）の花粉を摂食させることによって，対照区と比較して発育（加齢）の遅れが幾分かでも認められたのは，ヤマトシジミ，ウラナミシジミ，モンシロチョウであった（松尾ら，2002）．このうち，Btトウモロコシ花粉を摂食したことにより生存率の低下が明らかに認められたのはヤマトシジミのみであり，約7,500個/ $cm^2$（花粉1,000個当たり重量0.34 mgで換算（以下，同じ））のBtトウモロコシ花粉を2齢幼虫に摂食させると5日後の生存率が約44 %となり（図Ⅲ－15），発育の遅れも顕著であった．この結果は，Btトウモロコシ花粉を高密度に葉に振りかけて摂食させた時のオオカバマダラの生存率（Losey *et al.*, 1999）の低下傾向と類似していた．ウラナミシジミの場合には，Btトウモロコシ花粉のみを摂食させた5日後の生存率は80 %と高かったが，2齢以上への発育が著しく遅れた（図Ⅲ－16）．このようにBtトウモ

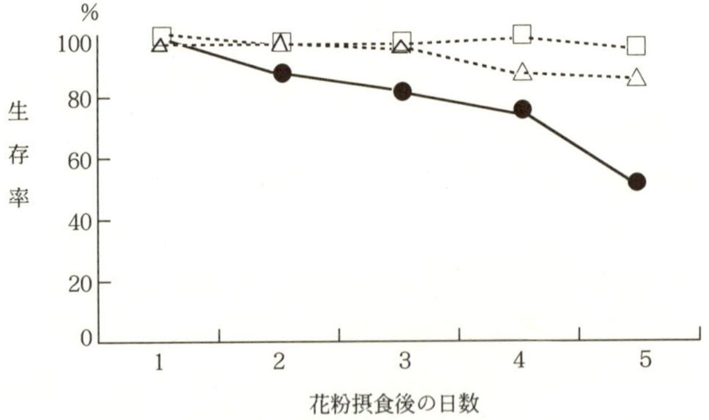


図Ⅲ-15　ヤマトシジミ2齢幼虫のBtトウモロコシ花粉摂食による生存率の推移
●はBt花粉7,500個/ $cm^2$，□は非組換え花粉7,500個/ $cm^2$，△は葉のみ（花粉無し）を示す

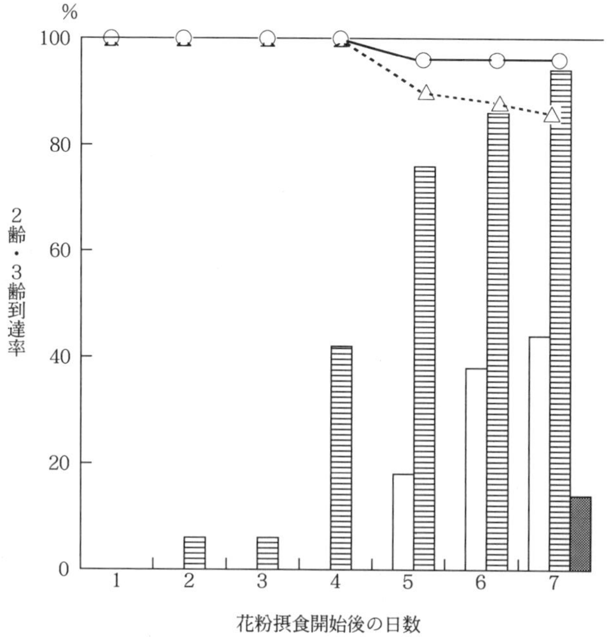


図 Ⅲ-16　ウラナミシジミ幼虫のBt花粉区および非組換え花粉区での発育状況
△はBt花粉区生存率，○は非組換え花粉区生存率
□はBt花粉区で2齢以上，▤は非組換え花粉区で2齢以上，■は非組換え花粉区で3齢以上への到達率を示す

ロコシ花粉の影響は，種によって大きく異なり，ヤマトシジミは感受性が特に高かった．一方，供試したカイコ（品種：輪月）はBtトキシンCry 1 Abに極めて高い感受性を示すことが調べられている（宮本ら，1999）．もし，カイコがBtトウモロコシ花粉の検定用昆虫として使用可能であれば，その卵を通年入手できる便利さがある．しかし，カイコはクワの葉のみを摂食する昆虫で，特に餌に敏感であるために，クワの葉に非組換え花粉を高密度に載せた場合には摂食量が著しく低下し生育阻害を起こした．このために，Btトウモロコシ花粉と非組換え花粉とを摂食させ比較しても差異が出にくく，検定用昆虫としては適していないことが明らかとなった．

### 4）Btトウモロコシ花粉の生物活性を知るのに適する検定用昆虫の特性とは

図Ⅲ-17　Btトウモロコシ花粉に対する生物検定用昆虫ヤマトシジミの成虫

生物検定用昆虫としては，① Btトウモロコシ花粉への感受性が高い，② 共食いをせずに集団飼育しやすい，③ 採集や継代飼育が容易である，④ 鱗翅目害虫用Btトキシンの様々なタイプに対して感受性であることなどの特性を有することが望ましい．

Btトキシン（Cry 1 Ab）を含有するトウモロコシ花粉の非標的鱗翅目昆虫に対する影響は，前述のように種によって異なる．今回の調査で5種を供試した結果，ヤマトシジミ（図Ⅲ－17）は他種と比べて感受性が高く，集団飼育しやすく，夏から秋にかけて餌植物のカタバミが多くの場所に生育しているために，このチョウの生息密度は高く採集しやすいなどの特性を持っており，生物検定用昆虫として適している．人工飼料を用いた飼育も可能であることが判明しているので（未発表），今後，冬期にも生物検定を可能とするためには，累代飼育技術を開発する必要がある．なお，本種を用いた生物検定は，Btトキシンのうち，Cry 1 Ab以外にCry 1Fにも適用可能である（未発表）．

### 5）Btトウモロコシ花粉の非標的鱗翅目昆虫に対する生物検定法

Btトウモロコシの花粉の堆積密度と非標的鱗翅目昆虫への毒性との関係を求めるためには，幼虫が餌植物の葉から作成したリーフディスク（円形に切り抜いた葉片）のどこを摂食しても一定密度の花粉を摂食するように，花粉を葉片上に均等に分布させる必要がある．この方法は，それ自体難しくはないが，細かい作業であり，多少のこつと器用さが必要とされる．生物検定を実施する場合の参考として，やや詳しくその手法について述べる．まず，それぞれの餌植物の葉をコルクボーラーで一定の面積（直径1 cm程度）に切り抜いてリーフディスクを作る．そこにBtトウモロコシ花粉を所定量（例えば1 mg）載せ，実体顕微鏡下で楊枝を用いて花粉をリーフディスク上の全面に均等になるように広げる．リーフディスクが傾くと花粉がこぼれ落ちてしまうので，少量の水滴（10～20 $\mu l$ 程度）を添加しながら花粉を葉面に広げて密着させる．花粉の1個当たり重量は別途測定し，リーフディスクに載せた花粉の重量とその面積から花粉密度を換算する．花粉は，圃場から採集した直後には水分含有量が多く，採集後の保存条件によっては急速に乾燥し軽くなるので，生物検定を行う時に一定重量を取っておき，後で血球計算板を用いるなどの方法で花粉重量と個数との関係を計測し補正する必要がある．

また，ヤマトシジミの若齢幼虫はカタバミの葉の片面をなめるように摂食するので，葉の表側にセロファンテープを張ったリーフディスクを作り，花粉を載せた葉の裏側しか摂食出来ないようにする．モンシロチョウの場合には，餌が不足すると共食いしやすいので，一辺が2 cmの四角に切った葉に花粉を載せて摂食させる．ウラナミシジミは，自然状態ではマメ科植物の蕾に産卵し，孵化幼虫が蕾に食入して雄しべの花粉を摂食する習性があるので，リーフディスクは使わず花粉のみを摂食させる．ナミアゲハの場合には，1齢幼虫から摂食させれば，直径1 cmのリーフディスクであっても5日間以内であれば共食いは起こりにくい．このように，検定対象の鱗翅目昆虫の種類によって，生物検定の方法を工夫する必要がある．

生物検定に直径1 cmのリーフディスクを用いる場合には，直径1 cm，長さ5.5 cmの小試験管を用いるとよい．この中に保湿のために水分を含ませたろ紙片，1齢幼虫を5頭，花粉を載せたリーフディスクを1枚入れる．生存虫数および発育段階（幼虫の齢期）を5日後まで調査する．調査時に，花粉を載せた新しいリーフディスクを入れ，古く変質したものを除去する．3日後以降に餌が不足する場合にはリーフディスクを2枚入れる．1処理当たり6反復（試験管6本）程度とし，合計30頭程度を供試する．2 cm四方の葉片を用いるモンシロチョウとカイコの場合はペトリ皿で飼育する．小試験官を用いるのは，内部の湿度が保たれやすく，狭いために孵化幼虫がリーフディスクに容易に到達しやすいなどの利点がある．Btトウモロコシ花粉に生物活性が認められる場合には，Btトウモロコシ花粉を与える期間が長くなるほど死亡率は高まる傾向にあり，4日後頃から非組換え花粉を与えた区と比較して生存率に差が見られ始め，5日後で差がはっきりしてくることが多いので，少なくとも5日後まで調査する．

### 6）Btトウモロコシ花粉の毒性評価

毒性評価の方法としては，検定対象昆虫の1齢幼虫（感受性が最も高い）にBtトウモロコシ花粉を25℃下で5日間連続摂食させ，① 検定するBtトウモロコシ品種と対照の非組換えトウモロコシ品種の花粉を摂食させたときの死亡率の差を摂食開始5日後に比較し，統計的に有意差を生じる花粉密度の下限値を求める．Btトウモロコシ（品種：N 4640 Bt）の場合には，ヤマトシジミ1齢幼虫の死亡率が非組換え花粉との間で有意差が生じる下限密度は約1,900個/ $cm^2$ であった．② 既に生物活性が知られているBtトウモロコシ品種（N 4640 Bt）および検定対象のBt品種の花粉をヤマトシジミ1齢幼虫に摂食させた場合のそれぞれの補正死亡率を比較することによって，検定対象品種の花粉の相対的な毒性レベルを知ることができる．具体的には，Btトウモロコシ（品種：N 4640 Bt）のヤマトシジミ1齢幼虫に対する補正死亡率で求めた半数致死花粉密度（$LC_{50}$）は約3,400個/ $cm^2$ であり，この値と新たに検定するBt品種の $LC_{50}$ を比較すれば，Btトキシンの生物活性の強さを判定できる．

### 7）リスク評価の構成要素としての毒性評価

Btトウモロコシ花粉の非標的昆虫に対するリスク評価を行うためには，まず，所定の花粉密度が対象昆虫の生育や死亡に及ぼす毒性を上記のような生物検定や免疫化学的定量法によって明らかにする．次に，実際に野外で葉上に堆積する花粉密度を実測か推定式によって求める（川島ら，2000；松尾ら，2002）．しかし，実際に葉上に堆積し生物活性を有する花粉密度は，この推定した累積花粉密度よりもかなり少ないと推察される．すなわち，① 風雨による葉からの脱落，② 紫外線，腐敗などによるBtトキシンの生物活性の消失，③ 対象昆虫による花粉堆積部分の摂食忌避など，花粉密度の影響を減少・緩和させる要因が考えられる．これらの要因については部分的に調査されているが（Pleasants *et al.*, 2001），さらに詳細な検討が必要である．堆積する花粉密度の最大ポテンシャルを推定する川島ら（2000）の式に，今後これらの要因を組み込むことによって，その適用性を一層広げることが可能である．

リスク評価を行うためには，① 上記のように，野外の葉上に堆積する生物活性を有する花粉の距離別の密度，② 対象昆虫に影響する花粉密度が堆積するBtトウモロコシ圃場からの範囲（距離）の推定，③ Btトウモロコシ花粉の影響が及ぶ範囲と対象昆虫の生息場所とが重複する可能性の有無，④ 重複する場合には，対象昆虫の地域個体群の生息面積と，これとBtトウモロコシ花粉の影響の及ぶ面積との重複部分の面積との比率の推定，さらに，⑤ 重複する場合には，対象とする稀少種等の個体群動態に及ぼすBtトウモロコシ花粉の影響の推定など多段階にわたる評価のステップが必要である．

### 8） おわりに

1999年に行われた「緊急調査」の結果を踏まえて，農林水産省によりBtトウモロコシの環境影響評価項目として，新たにBtトウモロコシ花粉中のBtトキシン量を化学的および生物的方法により調査すべきことが付け加えられた．本調査で用いられたBtトウモロコシ品種（N 4640 Bt）の花粉中のトキシン含量レベルでは，検定用昆虫ヤマトシジミ2齢幼虫に影響が及ぶ花粉密度が堆積する圃場からの距離は短いことから，鱗翅目昆虫の稀少種等への影響は無視できる程度であると評価された．その後，生物検定法の詳細な検討から，最も感受性の高いヤマトシジミ1齢幼虫への毒性の程度が明らかになり，Btトウモロコシ圃場からの影響の及ぶ可能性のある最大限界距離は約20 mと見積もられたが，非標的昆虫への影響は無視できる程度であるという基本的な判断には変わりはない．したがって，検定対象品種の花粉による非標的鱗翅目昆虫へのリスクを知ろうとするときに，既知のBtトウモロコシ品種（N 4640 Bt）と比較して，これよりも強い生物活性を有するかどうかを調べることがまず第一歩となるが，さらに野外でのBtトウモロコシ花粉の堆積や生物活性の変化などの実態についての情報など，多段階の要因を組み入れた確率的な評価方法が今後の課題となろう．

（松井正春・斉藤　修）

## 5．わが国における鱗翅目のレッドリスト掲載種へのBtトウモロコシ花粉の影響評価

### 5.1 はじめに

わが国には，およそ5,000種類の鱗翅目昆虫が生息しているといわれる．このうち，トウモロコシ（食用，飼料，ソルガムを含む）の害虫としてリストアップされているのはわずかに14種であり（日本応用動物昆虫学会，1980），ほとんどの種はBtトウモロコシの標的外である．そのため，花粉にBtトキシンを発現するBtトウモロコシが国内で栽培された場合，これらの花粉が非標的鱗翅目昆虫に及ぼす影響が懸念される．とくに，稀少種や絶滅危惧種などのレッドリスト掲載種は国内における種または地域個体群の生息基盤が脆弱であることから，これらに対するBtトウモロコシ栽培の影響を事前に評価しておく必要がある．

本調査では，Btトウモロコシを国内で栽培することを想定した場合にBtトキシンを含有する花粉の飛散が非標的鱗翅目昆虫に及ぼす影響を，レッドリストに掲載された種（亜種，地域個体群）について検討した．

### 5.2 調査の方法

レッドリスト掲載種の抽出には2000年の改訂版レッドリスト（環境庁，2000）を使用した．鱗翅目を含む昆虫類のレッドデータブックは，1991年に初めて作成された（環境庁，1991）．この初版では，天然記念物など既に保護の対象となっている種を中心にリストアップされている．2000年の大幅改訂では，分類カテゴリの見直しと同時に，減少程度の大きさに基づいた再

検討が普通種を含めてなされている．その結果，日本産鱗翅目昆虫のうちレッドリストに掲載された総数は，1991年版の54種から90種（種，亜種）に増加している．なお，改訂版レッドリストの区分および90種の内訳は以下の通りである．

・絶滅危惧I類（絶滅の危機に瀕している種）･･･18種

・絶滅危惧II類（絶滅の危険が増大している種）･･･24種

・準絶滅危惧（現時点では絶滅危険度は小さいが，生息条件の変化によっては「絶滅危惧」に移行する可能性のある種）･･･47種

・情報不足（評価するだけの情報が不足している種）･･･1種

抽出した90種（種，亜種）の各々について，生態的知見から，もしBtトウモロコシを国内で栽培した場合の影響の有無を検討した．まず各種の分布情報から，分布域（高山，島嶼，その他の3区分）ならびに生息地タイプにより影響の有無を検討した．次に，分布情報のみからでは影響を否定できない種について，発生期，食餌植物，摂食行動などの各種の生態情報に基づいてトウモロコシ開花期と幼虫期との重複度などを検討し，影響の有無を評価した．

これらの生態的知見は主に既存の文献から収集した．鱗翅目昆虫，とくにチョウ類については，商業誌，同人誌，地方同好会誌など様々な文献が存在し，分布情報などの生態的知見が豊富に蓄積されている．しかし，これらの文献では種または地域によって情報量が大きく異なる．このため本調査では，図鑑類など一般に入手可能で，多くの種に関する知見が集約されている情報源を用いた．なお，ガ類では生態的知見が極めて乏しい種が少なくない．さらに誘蛾灯などにより採集された種については生息地タイプが不明なものが多い．そこで，上記図鑑類では十分な知見が収集できない種については「情報の少ない種」として別途検討した．

## 5.3 結　果

### 1）分布域，生息地タイプ

2000年版レッドリスト掲載の90種，亜種の分布域，生息地タイプ区分を表Ⅲ－3に示す．

表Ⅲ-3　生息範囲と生息地タイプからみた

| 生息範囲 | 生息地タイプ　和名[1)] | 学名 |
|---|---|---|
| A 高山・亜高山 | a. 高山草原性など | |
| | ヒメチャマダラセセリ | *Pyrgus malvae coreanus* |
| | ﾀｶﾈｷﾏﾀﾞﾗｾｾﾘ（北アルプス亜種） | *Carterocephalus palaemon satakei* |
| | ﾀｶﾈｷﾏﾀﾞﾗｾｾﾘ（南アルプス亜種） | *Carterocephalus palaemon akaishianus* |
| | ウスバキチョウ | *Parnassius eversmanni daisetsuzanus* |
| | ﾐﾔﾏﾓﾝｷﾁｮｳ（浅間山系亜種） | *Colias palaeno aias* |
| | ﾐﾔﾏﾓﾝｷﾁｮｳ（北アルプス亜種） | *Colias palaeno sugitanii* |
| | カラフトルリシジミ | *Vacciniina optilete daisetsuzana* |
| | アサヒヒョウモン | *Clossiana freija asahidakeana* |
| | タカネヒカゲ（北アルプス亜種） | *Oeneis norna asamana* |
| | タカネヒカゲ（八ケ岳亜種） | *Oeneis norna sugitanii* |
| | ダイセツタカネヒカゲ | *Oeneis melissa daisetsuzana* |
| | クモマベニヒカゲ（北海道亜種） | *Erebia ligea rishirizana* |
| | クモマベニヒカゲ（本州亜種） | *Erebia ligea takanonis* |
| | ベニヒカゲ（本州亜種） | *Erebia niphonica niphonica* |
| | b. 崩壊地性 | |
| | ｸﾓﾏﾂﾏｷﾁｮｳ（北ア・戸隠亜種） | *Anthocharis cardamines isshikii* |
| | ｸﾓﾏﾂﾏｷﾁｮｳ（八ヶ岳・南ア亜種） | *Anthocharis cardamines hayashii* |
| | ｱｻﾏｼｼﾞﾐ（中部高山帯亜種） | *Lycaeides subsolanus yarigadakeanus* |
| | s. 亜高山帯森林性 | |
| | ミヤマシロチョウ | *Aporia hippia japonica* |
| | オオゴマシジミ | *Maculinea arionides takamukui* |
| | オオイチモンジ | *Limenitis populi jezoensis* |
| | u. 不明 | |
| | アズミキシタバ | *Catocala koreana* |
| | フジシロミャクヨトウ | *Heliophobus texturatus* |
| I 島嶼 | t. 山頂性 | |
| | アサヒナキマダラセセリ | *Ochlodes asahinai* |
| | f. 森林（林内）性 | |
| | リュウキュウウラボシシジミ | *Pithecops corvus ryukyuensis* |
| | ツシマウラボシシジミ | *Pithecops fulgens tsushimanus* |
| | m. 林縁・疎林性 | |
| | オガサワラセセリ | *Parnara ogasawarensis* |
| | オガサワラシジミ | *Celastrina ogasawaraensis* |
| | イワカワシジミ | *Artipe oryx okinawana* |
| | アカボシゴマダラ | *Hestina assimilis shirakii* |
| | コノハチョウ | *Kallima inachus eucerca* |
| | フタオチョウ | *Polyura eudamippus weismanni* |
| | マサキウラナミジャノメ | *Ypthima masakii* |
| | リュウキュウウラナミジャノメ | *Ypthima riukiuana* |
| | ヤエヤマウラナミジャノメ | *Ypthima yayeyamana* |
| | o. オープンランド性 | |
| | ハマヤマトシジミ | *Zizeeria karsandra* |
| | ﾀｲﾜﾝﾂﾊﾞﾒｼｼﾞﾐ（南西諸島亜種） | *Everes lacturnus rileyi* |
| | u. 不明 | |
| | ヨナグニサン | *Attacus atlas* |
| | ハグルマヤママユ | *Loepa katinka sakaei* |

日本産レッドリスト鱗翅目昆虫の類型化

| レッドリストカテゴリー[2) ] | 分布域[3)] | 生息環境[3)] |
|---|---|---|
| II | 日高山脈 | 高山岩礫地 |
| NT | 北アルプス | 高山の高茎草原 |
| NT | 南アルプス仙丈岳 | 高山の高茎草原 |
| NT | 大雪山 | 火山性岩礫地 |
| NT | 上信越山系 | 火山草原 |
| NT | 北アルプス | 亜高山湿原～高山 |
| NT | 北海道東北部 | 高山・北方矮性植物群落 |
| NT | 大雪山 | 高山矮性植物群落 |
| II | 北アルプス | 高山砂礫地，岩礫地 |
| II | 八ヶ岳 | 高山砂礫地，岩礫地 |
| NT | 大雪，日高 | 高山風衝地，岩礫地 |
| NT | 大雪，利尻 | 高山草原 |
| NT | 中部山岳 | 亜高山高茎草原 |
| NT | 中部以北山岳 | 高山，亜高山草原 |
| NT | 北アルプス・戸隠山系 | 亜高山砂礫地（渓流沿） |
| NT | 南アルプス・八ヶ岳 | 亜高山砂礫地（渓流沿） |
| II | 北アルプス・戸隠山系 | 渓流沿荒地 |
| II | 中部山岳 | 渓流沿い，亜高山林縁 |
| NT | 中部以北 | 落葉樹林内のギャップ |
| II | 北海道・本州（東北・中部） | 山地渓流沿い |
| NT | 白馬，奥只見 | 蛇紋岩地 |
| NT | 富士山五合目 | － |
| II | 石垣・西表 | ササ原（山頂部） |
| NT | 沖縄・八重山 | 照葉樹林内 |
| NT | 対馬 | スギ林林床 |
| NT | 小笠原母島 | 荒れ地や林間地 |
| I | 小笠原諸島 | 山間部 |
| NT | 南西諸島 | 亜熱帯林内，林縁 |
| NT | 奄美諸島 | 渓流沿い・林縁・人家周辺等 |
| NT | 琉球列島 | 林内 |
| NT | 沖縄本島 | 樹林帯・林縁・人家周辺 |
| NT | 八重山諸島 | 林縁，路傍 |
| NT | 沖縄諸島 | 林内，林縁 |
| NT | 八重山諸島 | 林内 |
| NT | 宮古・八重山諸島 | 路傍，海岸，荒れ地など |
| I | 奄美諸島・沖縄本島北部 | 海岸シバ草原等 |
| NT | 八重山 | － |
| NT | 奄美大島・沖縄本島 | － |

| 生息範囲 | 生息地タイプ　和名[1)] | 学名 |
|---|---|---|
| Eその他 | f. 森林（林内）性 | |
| | ギフチョウ | *Luehdorfia japonica* |
| | ヒメギフチョウ（北海道亜種） | *Luehdorfia puziloi yessoensis* |
| | ヒメギフチョウ（本州亜種） | *Luehdorfia puziloi inexpecta* |
| | ルーミスシジミ | *Panchala ganesa loomisi* |
| | ゴイシツバメシジミ | *Shijimia moorei* |
| | ベニモンカラスシジミ（四国亜種） | *Fixsenia iyonis iyonis* |
| | ベニモンカラスシジミ（中国亜種） | *Fixsenia iyonis kibiensis* |
| | ベニモンカラスシジミ（中部亜種） | *Fixsenia iyonis surugaensis* |
| | オオムラサキ | *Sasakia charonda charonda* |
| | m. 林縁・疎林性 | |
| | ヤマキチョウ | *Gonepteryx rhamni maxima* |
| | キタアカシジミ（冠高原亜種） | *Japonica onoi mizobei* |
| | キタアカシジミ（北日本亜種） | *Japonica onoi onoi* |
| | チョウセンアカシジミ | *Coreana raphaelis yamamotoi* |
| | キマダラルリツバメ | *Spindasis takanonis* |
| | クロシジミ | *Niphanda fusca* |
| | クロヒカゲモドキ | *Lethe marginalis* |
| | キマダラモドキ | *Kirinia fentoni* |
| | ミツモンケンモン | *Cymatophoropsis trimaculata* |
| | g. 湿地・草原性 | |
| | チャマダラセセリ（四国亜種） | *Pyrgus maculatus shikokuensis* |
| | チャマダラセセリ（北海道・本州亜種） | *Pyrgus maculatus maculatus* |
| | ホシチャバネセセリ | *Aeromachus inachus inachus* |
| | アカセセリ | *Hesperia florinda* |
| | アサマシジミ（中部中山帯亜種） | *Lycaeides subsolanus yaginus* |
| | アサマシジミ（北海道亜種） | *Lycaeides subsolanus iburiensis* |
| | オオルリシジミ（九州亜種） | *Shijimiaeoides divinus asonis* |
| | オオルリシジミ（本州亜種） | *Shijimiaeoides divinus barine* |
| | ヒョウモンモドキ | *Melitaea scotosia* |
| | コヒョウモンモドキ | *Mellicta ambigua niphona* |
| | ウスイロヒョウモンモドキ | *Melitaea regama* |
| | ヒョウモンチョウ（東北以北亜種） | *Brenthis daphne iwatensis* |
| | ヒョウモンチョウ（本州中部亜種） | *Brenthis daphne rabdia* |
| | オオウラギンヒョウモン | *Fabriciana nerippe* |
| | ヒメヒカゲ（本州西部亜種） | *Coenonympha oedippus arothius* |
| | ヒメヒカゲ（本州中部亜種） | *Coenonympha oedippus annulifer* |
| | ウラナミジャノメ（本土亜種） | *Ypthima motschulskyi niphonica* |
| | ベニモンマダラ（道南亜種） | *Zygaena niphona hakodatensis* |
| | ベニモンマダラ（本土亜種） | *Zygaena niphona niphona* |
| | o. オープンランド性 | |
| | ギンイチモンジセセリ | *Leptalina unicolor* |
| | スジグロチャバネセセリ | *Thymelicus leoninus leoninus* |
| | ヒメシロチョウ | *Leptidea amurensis* |
| | ツマグロキチョウ | *Eurema laeta betheseba* |
| | タイワンツバメシジミ（本土亜種） | *Everes lacturnus kawaii* |
| | クロツバメシジミ | *Tongeia fischeri* |
| | シルビアシジミ（本土亜種） | *Zizina otis emelina* |
| | ゴマシジミ | *Maculinea teleius* |
| | ヒメシジミ（本州・九州亜種） | *Plebejus argus micrargus* |
| | ミヤマシジミ | *Lycaeides argyrognomon* |
| | u. 不明 | |
| | ノシメコヤガ | *Sinocharis korbae* |
| | ミヨタトラヨトウ | *Oxytrypia orbiculosa* |
| | コンゴウミドリヨトウ | *Staurophora celsia* |
| | クロフカバシャク | *Archiearis notha okanoi* |
| | カバシタムクゲエダシャク | *Sebastosema bubonaria* |

1. リスト，亜種区分，学名は環境庁（2000）に従った.（チャマダラセセリ，キタアカシジミ，ゴマシジミ，アサマシジミ，ベニヒカゲなどの亜種区分には異論も多く，文献によって異なる）

| レッドリストカテゴリー[2] | 分布域[3] | 生息環境[3] |
|---|---|---|
| II | 本州 | 落葉樹林・スギ植林 |
| NT | 北海道 | 落葉樹林，若い植林地 |
| NT | 東北・中部 | 落葉樹林，若い植林地 |
| II | 房総以南 | 照葉樹林内 |
| I | 九州・紀伊半島 | 照葉樹林内 |
| NT | 四国 | 暗い落葉樹林 |
| NT | 中国 | 暗い落葉樹林，スギ植林 |
| NT | 東海・紀伊半島 | 暗い落葉樹林，スギ植林 |
| NT | 本土 | 樹林帯・林縁等 |
| NT | 東北，中部 | 疎林，林縁 |
| I | 広島県（冠高原） | カシワ林 |
| II | 北海道・東北 | カシワ林 |
| II | 東北 | 畦，疎林，湿地 |
| NT | 本州 | 桜・桐・桑など（境内，畑） |
| I | 本州・四国・九州・対馬 | 疎林，荒地，土手，堤防，畑 |
| II | 本州・四国・九州 | 林縁・疎林 |
| NT | 本土 | 疎林的環境 |
| I | 本州中北部 | 林縁・疎林 |
| I | 四国 | 草原（放牧地，畦） |
| I | 北海道・本州 | 草原（放牧地，畦） |
| II | 本州，対馬 | 乾性草原 |
| II | 中部・北関東 | 草原 |
| II | 中部 | 草原，湿地，荒地 |
| II | 北海道 | 草原，湿地 |
| I | 阿蘇，九重（絶滅） | 火山草原等（放牧地） |
| I | 中部，東北（絶滅） | 火山草原等（採草地，堤防，畦） |
| I | 関東・中部・中国 | 湿性草原 |
| II | 関東・中部 | 草原，林縁 |
| I | 中国山地 | 火山草原 |
| NT | 北海道・東北北部 | 低層湿原周辺草地 |
| NT | 中部 | 乾性草原（火山など） |
| I | 本州・四国・九州 | 草原（放牧地，畦） |
| II | 中国地方 | 湿性草原，乾性草原 |
| II | 中部，東海 | 湿性草原，乾性草原 |
| II | 東海以西 | 比較的明るい環境 |
| NT | 函館付近 | 草原 |
| NT | 本州中部，北東北 | 草原 |
| NT | 本土 | 乾性草原 |
| NT | 本土 | 草原，疎林（林縁） |
| II | 北海道・本州・九州 | 火山性草原，畦 |
| II | 関東以南 | 荒れ地（河川敷，畦） |
| I | 和歌山・四国・九州 | 海岸シバ草原等 |
| NT | 本州・四国・九州・壱岐・対馬 | 露岩地等（崖，屋根，河原） |
| I | 栃木以南 | シバ型草原（火山，海岸，堤防） |
| II | 北海道・本州・九州 | 草原，湿地，休耕田，伐採地 |
| NT | 本州・九州 | 路傍，草原，畦など |
| II | 本州 | 荒れ地，河川敷，草地 |
| I | 青森，岩手 | － |
| I | 長野県御代田町 | － |
| DD | 岡山県 | － |
| NT | 盛岡周辺 | － |
| I | 本州（関東以北） | － |

2. I：絶滅危惧I類，II：絶滅危惧II類，NT：準絶滅危惧，DD：情報不足

3. 分布域，生息環境は，猪又（1990），福田ら（1982,1983,1984a,1984b），井上ら（1982），江崎ら（1971），矢野（1986）に基づいて整理した．

表 Ⅲ-4　栽培地域ごとにみた標準的なトウモロコシ作付時期と開花期

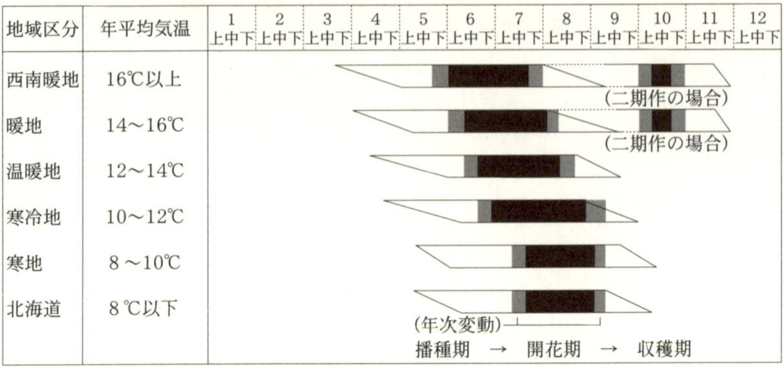
地域区分
年平均気温
1 2 3 4 5 6 7 8 9 10 11 12
上中下
西南暖地
16℃以上
(二期作の場合)
暖地
14〜16℃
(二期作の場合)
温暖地
12〜14℃
寒冷地
10〜12℃
寒地
8〜10℃
北海道
8℃以下
(年次変動)
播種期 → 開花期 → 収穫期

注）1. 全国農業協同組合連合会（1994）に基づき作成.
2. 播種から70〜80日目を開花期とし，その前後10日間を年次変動とした.
3.各栽培地域の範囲は以下の通り.
西南暖地：九州中部以南平野部，四国中部以南平野部
暖地：九州・四国の中部以北，中国・近畿・東海の平野部，関東の南部沿岸
温暖地：北陸の平野部，関東の内陸平野部，九州・四国・近畿・東海の中標高地，東北の最南端沿岸平野部
寒冷地：東北（北部を除く），東海・北陸・関東の中標高地（中山間地）
寒地：東北の北部，東北の中標高地，北海道の南西平野部
北海道：北海道（南西平野部を除く）

分布域は「高山・亜高山（A)」，「島嶼（I)」とそれ以外（E.その他）を区分した．また生息地は，レッドリスト掲載各種の生息環境から，山頂性（t)，高山草原など（a)，崩壊地性（b)，亜高山帯森林性（s)，森林（林内）性（f)，林縁・疎林性（m)，湿地・草原性（g)，オープンランド性（o）の８タイプに区分した．生息環境が不明な種は別途取り扱った（u)．これらの分布域，生息地タイプのうち，農耕地周辺の環境に生育する植物を食草として幼虫期を過ごすものとしては，林縁・疎林性（Em)，湿地・草原性（Eg)，オープンランド性（Eo）の３タイプが該当する．なお，高山・亜高山ならびに島嶼についても生息地タイプを区分したが，ここでは一括してBtトウモロコシ栽培の影響を受けにくいものとして処理した.

猪又（1990)，福田ら（1982，1983，1984 a，1984 b)，川副・若林（1976)，

井上ら (1982)，江崎ら (1971) などの図鑑類ならびに一部ガ類についての文献 (高橋，1999；矢野，1986) に基づいて，各レッドリスト掲載種を上記の分布域，生息地タイプに当てはめた結果，高山・亜高山性が22種 (亜種)，島嶼性が16種 (亜種)，その他の地域に分布する種のうち幼虫が森林内部に生息するEf.森林 (林内) 性が9種 (亜種) であった．Btトウモロコシ栽培の影響を受ける可能性がある3つの生息地タイプに該当する種は38種 (亜種) であった．これら38種について，Btトウモロコシ栽培の影響を，幼虫の活動期や食餌植物，摂食行動などの生態的知見に基づいてさらに検討することとした．なお，上記3タイプに該当する種が多いことは，レッドリストの2000年改訂に当たり，近年の減少が著しい農村などの人里に生息する種が重要視されたことを反映している．

分布域が「その他」でかつ生息地タイプが「不明 (Eu)」に該当した種が5種存在するが，これらの種については生態的知見が極めて少ない．また，生息地タイプを特定できた種でもガ類3種 (亜種) については幼虫の活動期や食餌植物，摂食行動などの情報が少ない．これら8種 (亜種) は「生態的知見が少ない種」として取り扱うこととした．

### 2) 周年経過，食餌植物，摂食行動など

鱗翅目昆虫のうちチョウ類については多くの分類図鑑 (例えば猪又，1990；川副・若林，1976)，幼虫図鑑 (白水・原，1960，1962)，生態図鑑 (福田ら，1982，1983，1984 a，1984 b) が刊行されており，これらに生息環境，成虫発生期，化性，越冬態，食餌植物，成虫・幼虫の摂食行動などの生態的知見が整理されている．また，日本鱗翅学会では絶滅のおそれのあるチョウ類についての知見を整理している (浜ら，1989；矢田・上田，1993)．そこで，これらの文献に記載された生態的知見に，若干の現地調査結果を加味し，前項で抽出した3つの生息地タイプに該当する35種のチョウ類に対するBtトウモロコシ栽培の影響を検討した．

第一に検討対象となる生態的知見は，周年経過と幼虫の活動期である．Btトウモロコシを栽培した場合，幼虫の活動期 (摂食期) とBtトウモロコシの開花期が重なれば，飛散したBtトウモロコシの花粉を幼虫が摂食する機会

が増す．飼料作物の標準的な作付体系が，年平均気温により区分された栽培地域ごとに示されている（全国農業協同組合連合会，1994）．トウモロコシの生育期間は，主として生育適温（10～30℃）の積算温度によって決まることから，作付時期は栽培地域ごとに異なっている．また，トウモロコシ花粉の飛散する開花期（雄穂抽出期）は，標準的な中生種の場合，播種後70日前後とされている．そこで，これらの資料に基づき，トウモロコシ開花期を栽培地域ごとに推定したうえで（表Ⅲ－4），35種のチョウ類の周年経過との重複度を4段階で評価した（表Ⅲ－5中の「開花期のズレ」）．ただし，各種の周年経過やトウモロコシの開花期は地域や標高，トウモロコシの品種によって異なり，また，早春から初夏の気象に強く影響されるため，年によってズレが生じることに留意する必要がある．

第二に検討対象となるのは食餌植物と幼虫の摂食行動である．これらは，Btトキシンを含有する花粉が飛散した場合の幼虫の接触度を検討する上で指標となる．例えば，食餌植物が高木で，かつ幼虫の生息空間が林冠部である場合，花粉の落下量は地表よりも少なく，幼虫への影響も低いと考えられる．また，食餌植物が草本であっても，根茎や花序内に幼虫が穿孔したり，葉を巻いた巣の内部を摂食すれば，植物体表面に付着した花粉を摂食する可能性は低い．また，キマダラルリツバメやゴマシジミなどは幼虫期にはアリと共生しており，アリの巣内に生息する．これらの知見に基づき，幼虫の接触度を周年経過の場合と同様に4段階で評価した（表Ⅲ－5中の「幼虫の接触度」）．なお，食餌植物の形態や，葉の表面の質，展葉の仕方などによって落下花粉の付着程度が異なると予想されるが，本調査では検討しなかった．また，ウラナミジャノメ，ミツモンケンモン，チャマダラセセリなど，年数回発生する一部の種では，第1化または第2化の成虫から生じた幼虫等の全てが年内に羽化するわけではなく，一部が越年して翌年の第1化を生じることが知られている．これらの種については，年内羽化と越年との割合や，越年世代の幼虫活動期などをさらに詳しく検討する必要があるが，現時点では詳細な知見が得られていないため，今後の課題である．

以上の検討に基づき，Btトウモロコシを国内で栽培することを想定した場合にBtトキシンを含有する花粉の飛散が及ぼす影響を各種ごとに総合評価した（表Ⅲ－5中の「総合」）．総合評価は，開花期のズレ，幼虫の接触度の両評価から安全度が高い方の評価を採択した．上記の検討の結果，35種のチョウ類についてBtトキシン含有花粉の飛散の影響を以下のように評価できた．

A. 影響は無いといえる種 ・・・・・・・・・・・・・・・・ 16種・亜種

A－1：開花期のズレによるもの（13種・亜種）

ホシチャバネセセリ，アカセセリ，スジグロチャバネセセリ，キタアカシジミ（冠高原亜種，北日本亜種），チョウセンアカシジミ，アサマシジミ（北海道亜種，中部中山帯亜種），タイワンツバメシジミ，ゴマシジミ，ヒメシジミ，キマダラモドキ，オオウラギンヒョウモン

A－2：幼虫の接触度が極めて低いもの（3種）

キマダラルリツバメ，クロシジミ，クロツバメシジミ

B. 影響を受け難いといえる種 ・・・・・・・・・・・・・・・・・・ 1種

クロヒカゲモドキ

C. 影響は少ないが，受け難いとはいい切れない種 ・・・・・・ 8種・亜種

C－1：接触度が高く，開花期のズレが微妙なもの（5種・亜種）

ヤマキチョウ，オオルリシジミ（本州亜種，九州亜種），ヒョウモンチョウ（東北以北亜種，本州中部亜種）

C－2：開花期は一致するが，接触度がやや低いもの（1亜種）

チャマダラセセリ（四国亜種）

C－3：開花期のズレ，接触度とも微妙なもの（2種・亜種）

チャマダラセセリ（北海道・本州亜種），ギンイチモンジセセリ

D. 影響を受ける可能性がないとはいえない種 ・・・・・・・ 10種・亜種

ヒメシロチョウ，ツマグロキチョウ，シルビアシジミ（本土亜種），ミヤマシジミ，ヒョウモンモドキ，ウスイロヒョウモンモドキ，コヒョウモンモドキ，ヒメヒカゲ（本州中部亜種，本州西部亜種），ウラナミジャノメ（本土亜種）

表 Ⅲ-5　生態的知見の多いチョウ類レッドリスト掲載種

| 対象種 | 周年経過 | | | | | | | | |
|---|---|---|---|---|---|---|---|---|---|
| 生息地タイプ　種目 | 1<br>上中下 | 2<br>上中下 | 3<br>上中下 | 4<br>上中下 | 5<br>上中下 | 6<br>上中下 | 7<br>上中下 | 8<br>上中下 | 9<br>上中下 |
| Em. 林縁・疎林性 | | | | | | | | | |
| ヤマキチョウ | ××× | ××× | ××× | ××× | ××× | ×●● | ●●　 | ××× | ××× |
| キタアカシジミ（冠高原亜種） | | | | 　　● | ●●● | 　　× | ××　 | | |
| キタアカシジミ（北日本亜種） | | | | | ●●● | ●　　 | ××× | | |
| チョウセンアカシジミ | | | | | ●●● | ●　　 | ××× | | |
| キマダラルリツバメ | △△△ | △△△ | △△△ | △△△ | △△△ | △　× | ××　 | △△△ | △△△ |
| クロシジミ | △△△ | △△△ | △△△ | △△△ | △△△ | △△　 | ××× | ×●● | ●△△ |
| クロヒカゲモドキ | ○○○ | ○○○ | ○○○ | ○●● | ●●● | ●●　 | ××× | ××× | ●●● |
| キマダラモドキ | ○○○ | ○○○ | ○○○ | ●●● | ●●● | ●　　 | ××× | ×　　 | ○○○ |
| Eg. 湿地・草原性 | | | | | | | | | |
| チャマダラセセリ（北海道・本州亜種） | | | | 　　× | ××● | ●●● | ××× | ×●● | ●●　 |
| チャマダラセセリ（四国亜種） | | | ××　 | ●●● | ●　　 | 　　× | ×●● | ●●× | ××● |
| ホシチャバネセセリ | ○○○ | ○○○ | ○○○ | ○●● | ●●● | ●●　 | 　×× | ××　 | ●●● |
| アカセセリ | | | | | ●●● | ●●● | 　　× | ××　 | |
| アサマシジミ（北海道亜種） | | | | | ●●● | ●●× | ××× | ×　　 | |
| アサマシジミ（中部中山帯亜種） | | | 　　● | ●●● | ●●● | 　×× | ××× | | |
| オオルリシジミ（本州亜種） | | | | | 　　× | ××● | ●●　 | | |
| オオルリシジミ（九州亜種） | | | | | ××× | ●●● | | | |
| ヒョウモンモドキ | ○○○ | ○○○ | ○○○ | ○●● | ●●　 | ××× | ××● | ●●○ | ○○○ |
| コヒョウモンモドキ | ○○○ | ○○○ | ○○○ | ○●● | ●●● | ●　× | ××× | 　●● | ●●○ |
| ウスイロヒョウモンモドキ | ○○○ | ○○○ | ○○○ | ○●● | ●●● | 　　× | ××× | ●●● | ○○○ |
| ヒョウモンチョウ（東北以北亜種） | ○○○ | ○○○ | ○○○ | ○○○ | ○●● | ●●　 | ××× | ×　● | ●●○ |
| ヒョウモンチョウ（本州中部亜種） | ○○○ | ○○○ | ○○○ | ○○○ | ●●● | ●　× | ××× | ×　● | ●●● |
| オオウラギンヒョウモン | ○○○ | ○○○ | ○○● | ●●● | ●●● | 　×× | ××× | ××× | ××× |
| ヒメヒカゲ（本州中部亜種） | ○○○ | ○○○ | ○○○ | ○○○ | ●●● | ●●● | 　×× | ×●● | ●●● |
| ヒメヒカゲ（本州西部亜種） | ○○○ | ○○○ | ○○○ | ○●● | ●●● | 　×× | 　●● | ●●● | ●●● |
| ウラナミジャノメ（本土亜種）東海 | ○○○ | ○○○ | ○○○ | ○●● | ●●● | 　　× | ××　 | ●●● | ●●● |
| ウラナミジャノメ（本土亜種）九州 | ○○○ | ○○○ | ○○○ | ○●● | ●●　 | 　×× | ×　● | ●●● | 　×× |
| Eo. オープンランド性 | | | | | | | | | |
| ギンイチモンジセセリ | ○○○ | ○○○ | ○○○ | ○○ | ××× | ●●● | ●　× | ××× | ●●● |
| スジグロチャバネセセリ | ○○○ | ○○○ | ○○○ | ○○● | ●●● | ●●　 | ××× | ×　○ | ○○○ |
| ヒメシロチョウ | | | | 　×× | ●● | ●　　 | ××● | ●×× | 　●● |
| ツマグロキチョウ | ××× | ××× | ××× | ●●● | ●●× | ××● | ●×× | ●●× | ××× |
| タイワンツバメシジミ（本土亜種） | ○○○ | ○○○ | ○○○ | ○○○ | ○○○ | ○○○ | ○○○ | ○　× | ××● |
| クロツバメシジミ | ○○○ | ○○○ | ○○● | ●●× | ××　 | 　　× | ××　 | 　×× | ××× |
| | | | | | 　　● | ●●　 | 　　● | ●●● | ●●● |
| シルビアシジミ（本土亜種） | ○○○ | ○○○ | ○○○ | ●●● | ××● | ●●● | ××● | ●●● | ××● |
| ゴマシジミ | △△△ | △△△ | △△△ | △△△ | △△△ | △△△ | △△× | ××× | ●●● |
| ヒメシジミ（本州・九州亜種） | | | | | ●●● | 　×× | ××　 | | |
| ミヤマシジミ | | | | 　●● | ●×× | ●●● | ×●● | ×●● | ●×● |

1. 猪又（1990），福田ら（1982,1983,1984a,1984b），浜ら（1989），川副・若林（1976），白水・原（1960,1962），矢田・上田（1993）より作成
2. 表中の周年経過は地域によって変動する．×：成虫期，●：幼虫期（活動），○：幼虫期（休眠），△：幼虫期（アリ巣内）
3. 表中の「評価」はBtトウモロコシを栽培した場合の影響の有無を定性的に評価したもの．

5. わが国における鱗翅目のレッドリスト掲載種へのBtトウモロコシ花粉の影響評価についての検討

| 10<br>上中下 | 11<br>上中下 | 12<br>上中下 | 年化性 | 越冬態 | 食性<br>食餌植物等 | 食性<br>摂食形態 | 評価<br>開花期のズレ | 評価<br>幼虫の接触度 | 評価<br>総合 |
|---|---|---|---|---|---|---|---|---|---|
| ××× | ××× | ××× | 1 | 成虫 | ｸﾛﾂﾊﾞﾗ | – | △ | × | △ |
| | | | 1 | 卵 | ｶｼﾜ | – | ◎ | × | ◎ |
| | | | 1 | 卵 | ｶｼﾜ | – | ◎ | × | ◎ |
| | | | 1 | 卵 | ﾄﾈﾘｺ（ﾃﾞﾜﾄﾈﾘｺ） | – | ◎ | × | ◎ |
| △△△ | △△△ | △△△ | 1 | 幼虫 | （ｱﾘ） | アリ | △ | ◎ | ◎ |
| △△△ | △△△ | △△△ | 1 | 幼虫 | （ｱﾌﾞﾗﾑｼ） | アリ | × | ◎ | ◎ |
| ●●● | ○○○ | ○○○ | 1 | 幼虫 | ﾉｶﾞﾘﾔｽ等ｲﾈ科 | – | ○ | × | ○ |
| ○○○ | ○○○ | ○○○ | 1 | 幼虫 | ｲﾈ科，ｶﾔﾂﾘｸﾞｻ科 | – | ◎ | × | ◎ |
| | | | 1～2 | 蛹 | ｷｼﾞﾑｼﾛ，ﾐﾂﾊﾞﾂﾁｸﾞﾘ | 造巣 | △ | △ | △ |
| ●●● | | | 2～3 | 蛹 | ｷｼﾞﾑｼﾛ，ﾐﾂﾊﾞﾂﾁｸﾞﾘ | 造巣 | × | △ | △ |
| ●●● | ○○○ | ○○○ | 1～2 | 幼虫 | ｵｵｱﾌﾞﾗｽｽｷ | 造巣の外 | ◎ | △ | ◎ |
| | | | 1 | 卵 | ﾋｶｹﾞｽｹﾞ | 根元営巣 | ◎ | △ | ◎ |
| | | | 1 | 卵 | ﾅﾝﾃﾝﾊｷﾞ | 新芽 | ◎ | × | ◎ |
| | | | 1 | 卵 | ﾅﾝﾃﾝﾊｷﾞ | 新芽 | ◎ | × | ◎ |
| | | | 1 | 蛹 | ｸﾗﾗ | 花食 | △ | × | △ |
| | | | 1 | 蛹 | ｸﾗﾗ | 花食 | △ | × | △ |
| ○○○ | ○○○ | ○○○ | 1 | 幼虫 | ｱｻﾞﾐ類，ﾀﾑﾗｿｳ | – | × | × | × |
| ○○○ | ○○○ | ○○○ | 1 | 幼虫 | ｸｶﾞｲｿｳ，ｺﾞﾏﾉﾊｸﾞｻ科，ｷｸ科 | – | × | × | × |
| ○○○ | ○○○ | ○○○ | 1 | 幼虫 | ｵﾐﾅｴｼ，ｶﾉｺｿｳ | – | × | × | × |
| ○○○ | ○○○ | ○○○ | 1 | 幼虫 | ﾅｶﾞﾎﾞﾉｼﾛﾜﾚﾓｺｳ | – | × | △ | △ |
| ○○○ | ○○○ | ○○○ | 1 | 幼虫 | ﾜﾚﾓｺｳ，ｵﾆｼﾓﾂｹ | – | × | △ | △ |
| ○○ | ○○○ | ○○○ | 1 | 幼虫 | ｽﾐﾚ | – | ◎ | × | ◎ |
| ●○○ | ○○○ | ○○○ | 1 | 幼虫 | ﾋｶｹﾞｽｹﾞ等ｶﾔﾂﾘｸﾞｻ科 | – | × | × | × |
| ●○○ | ○○○ | ○○○ | 1 | 幼虫 | ﾋｶｹﾞｽｹﾞ等ｶﾔﾂﾘｸﾞｻ科 | – | × | × | × |
| ●●● | ○○○ | ○○○ | 1 | 幼虫 | ｲﾈ科，ｶﾔﾂﾘｸﾞｻ科 | – | × | × | × |
| ●● | ○○○ | ○○○ | 1～2 | 幼虫 | ｲﾈ科，ｶﾔﾂﾘｸﾞｻ科 | – | × | × | × |
| ●●● | ○○○ | ○○○ | 2～3 | 幼虫 | ｽｽｷ等ｲﾈ科草本 | 造巣の外 | △ | △ | △ |
| ○○○ | ○○○ | ○○○ | 1 | 幼虫 | ﾔﾏｶﾓｼﾞｸﾞｻ，ｸｻﾖｼ等 | | ◎ | × | ◎ |
| ● | | | 2～3 | 蛹 | ﾂﾙﾌｼﾞﾊﾞｶﾏ | – | × | × | × |
| ××× | ××× | ××× | 4以上 | 成虫 | ｶﾜﾗｹﾂﾒｲ | – | × | × | × |
| ●●● | ●○○ | ○○○ | 1 | 幼虫 | ﾀﾁｼﾊﾞﾊｷﾞ | 花食 | ◎ | × | ◎ |
| ××× | × | | 3～4 | 幼虫 | ﾍﾞﾝｹｲｿｳ科 | 穿孔 | × | ◎ | ◎ |
| ●●● | ●●○ | ○○○ | | | | | | | |
| ●×× | ●●○ | ○○○ | 3～5 | 幼虫 | ﾐﾔｺｸﾞｻ，ﾔﾊｽﾞｿｳ，ｺﾏﾂﾅｷﾞ | | × | × | × |
| △△△ | △△△ | △△△ | 1 | 幼虫 | ﾜﾚﾓｺｳ，ﾅｶﾞﾎﾞﾉｼﾛﾜﾚﾓｺｳ | 花・アリ | ◎ | ○ | ◎ |
| | | | 1 | 卵 | ｱｻﾞﾐ，ﾖﾓｷﾞ，ｲﾜｵｳｷﾞ等 | – | ◎ | × | ◎ |
| ●×× | | | 3～4 | 卵 | ｺﾏﾂﾅｷﾞ | – | × | × | × |

◎：影響を受けない，○：影響を受け難い，△：影響は少ないが受け難いとはいい切れない，×：影響を受ける可能性がないとはいえない，－：評価不能

4. タイワンツバメシジミ（本土亜種）のうち鹿児島県佐多岬周辺の夏咲きシバハギを食草とする個体群は周年経過が異なり7月上旬から幼虫が摂食する．

表Ⅲ-6　生態的知見の少ないガ類

| 対象種 | | 発生期 | | | | |
|---|---|---|---|---|---|---|
| 生息地タイプ | 種名 | 年化性 | 越冬態 | 成虫期 | 幼虫期 | うち休眠 |
| Em. 林縁・疎林性 | | | | | | |
| | ミツモンケンモン | 1〜2 | 蛹 | 5・6月,8月 | 6〜7月（夏期不明） | − |
| Eg. 草原性 | | | | | | |
| | ベニモンマダラ（道南亜種） | 1（?） | 不明 | 7月下〜8月上 | 不明 | 不明 |
| | ベニモンマダラ（本土亜種） | 1（?） | 不明 | 7月下〜8月上 | （孵化期不明）〜6月 | 不明 |
| Eu. 不明 | | | | | | |
| | ノシメコヤガ | 1 | 不明 | 6〜7月 | 不明 | 不明 |
| | ミヨタトラヨトウ | 1 | 卵 | 10月下 | 記載無し | 不明 |
| | コンゴウミドリヨトウ | 不明 | 不明 | 11月 | 不明 | 不明 |
| | クロフカバシャク | 不明 | 不明 | 4月 | 記載無し | 不明 |
| | カバシタムクゲエダシャク | 不明 | 不明 | 3月 | 不明 | 不明 |

注）1. 使用文献は次の通り/1）江崎ら（1971），2）井上ら（1963），3）井上ら（1982），4）一色ら（1965），5）高橋（1999），6）矢野（1986）
2. 表中の「評価」はBtトウモロコシを栽培した場合の影響の有無を定性的に評価したもの.
◎：影響を受けない，○：影響を受け難い，△：影響は少ないが受け難いとはいい切れない，×：影響を受ける可能性がないとはいえない，−：評価不能

### 3）生態的知見が少ないガ類についての検討

生態的知見が少ないガ類8種（亜種）について，文献（江崎ら，1971；井上ら，1963；井上ら，1982；一色ら，1965；高橋，1999；矢野，1986）に記載された範囲の情報から検討を試みた（表Ⅲ−6）．しかし，開花期のズレ，幼虫の接触度を評価するに足りる生態的知見が存在する種はミツモンケンモン（×）とミナミトラヨトウ（◎）の2種のみであり，他の6種（亜種）は評価不能であった.

### 4）Btトウモロコシ栽培の影響を受ける可能性を否定できない種の特性

上記検討の結果「影響を受ける可能性がないとはいえない」とされた11種（亜種）について，種ごとに詳細な記載を行った．以下に，各種の生態情報およびトウモロコシ栽培との関連を概説する.

<u>A. ヒメシロチョウ　　　絶滅危惧II類</u>

北海道の南半分，東北から中部山岳にかけての地域，中国山地の一部，阿

レッドリスト掲載種についての検討

| 食性 | | 評価 | | | |
|---|---|---|---|---|---|
| 食餌植物等 | 摂食形態 | 開花期のズレ | 幼虫の暴露性 | 総合 | 文献 |
| クロツバラ，クロウメモドキ | | × | × | × | 3),5) |
| クサフジ，ツルフジバカマ | | − | × | − | 1),2),3) |
| クサフジ，ツルフジバカマ | | − | × | − | 1),2),3),4) |
| 不明 | 不明 | − | − | − | 1),4) |
| アヤメ科？ | 穿孔 | − | ◎ | ◎ | 3) |
| 不明 | | − | − | − | 6) |
| ヤマナラシ，ドロノキ | | − | − | − | 2),3) |
| 不明 | | − | − | − | 1),2),3) |

蘇・久住に分布する．火山草原との結びつきが強いが，水田や畑の周辺，河川堤防などにも生息する．とくに管理放棄された水田畦畔では食草のツルフジバカマが繁茂して多くの個体が発生する場合がある．しかし，草原や畦畔などは管理放棄が著しく，その後の植生遷移により食草とともに本種も姿を消す．本種は年2～3化であるが，年2化の場合は第2化が7月下旬，年3化の場合は第3化が8月中旬から羽化を開始する．これら夏世代の蛹期が約8～11日であることを考えれば，終齢幼虫期がトウモロコシの開花期と一致する．

B. ツマグロキチョウ　　絶滅危惧II類

亜熱帯から暖温帯に分布する種で，日本産は朝鮮半島や中国大陸南部産と同一亜種とされる．国内での土着北限は福島県下と考えられている．本種は年3～4化で，7月ごろ発生する第2化以降，世代が重なる．このため幼虫期とトウモロコシ開花期とが一致する世代が存在する．食草はカワラケツメイで，河川敷，堤防，田畑周辺など，いわゆるオープンランドに生息する．

C. シルビアシジミ（本土亜種）　　絶滅危惧I類

栃木県以南の主に太平洋側に分布する．種子島以北のものはトカラ列島以南とは別亜種とされる．食草は主にミヤコグサで，ヤハズソウ，コマツナギも利用される．食草の生える明るい草丈の低いシバ型草原に多く，海浜草地，河川堤防，墓地，畦畔などのオープンランドに生息する．本種は年４から５回発生する．卵期は３日程度，蛹期は１週間程度で，幼虫期はトウモロコシ開花期と一致する．分布北限の栃木県鬼怒川河川敷の例では，第２化成虫が７月上旬，第３化が８月中旬に見られる．

D.ミヤマシジミ　　　　　　絶滅危惧II類

関東北部から中部山岳周辺を中心に分布し，東北南部では限られる．中国地方は古い記録のみである．食樹はコマツナギで，河原，堤防，火山礫地，田畑周辺，墓地などに生息する．本種の生息地は「長期間安定した場所で，土壌の乾燥などにより遷移の進行が妨げられる場所」とされる．人為的環境では除草頻度が高すぎても低すぎても生息地は消滅する．本種は年2〜5回程度発生し，７月以降は世代間の間隔が狭い．卵期は3〜4日，蛹期は10日前後であり，幼虫期とトウモロコシ開花期とが一致する世代が存在する．

E. ヒョウモンモドキ　　　絶滅危惧Ｉ類

関東〜中部地方および中国地方に分布する．茨城，千葉にも古い記録がある．中部山岳周辺の産地では激減しており，ほとんどの産地が失われている．中国地方では兵庫県西部から鳥取，岡山，広島県にわたって分布し，広島県に産地が多かったが，最近減少が著しい．中国地方および岐阜県では湿性草原，広島県下では山間休耕田や水田畦畔に多く，中部山岳では乾性草原に生息する．本種は年１回発生で，成虫の活動盛期は６月中旬〜７月上旬（暖地低地）あるいは７月中〜下旬（高地）である．食草はタムラソウや，ノアザミ，ノハラアザミ，キセルアザミなどのアザミ類である．メスは食草の葉裏に卵塊を産み付け，孵化幼虫はクモの巣状の巣中に群居する．卵期は約２週間で，幼虫期とトウモロコシ開花期が重なる．幼虫越冬して翌春摂食を続けて発育し蛹化する．

F.ウスイロヒョウモンモドキ　　　絶滅危惧Ｉ類

兵庫県から島根県にかけての中国山地に分布する．本種は年１回発生でヒョウモンモドキとほぼ同様の周年経過をとるため，幼虫期とトウモロコシ開花期が重なる．成虫の出現時期は本種の方がヒョウモンモドキより約１週間早い．食草はオミナエシとカノコソウである．火山山麓の草原が主な生息地であるが，二次林の林縁や田畑の周辺，堤防などにも生息する．

G. コヒョウモンモドキ　絶滅危惧II類

本州中部の栃木県から岐阜県にかけて分布する．周年経過は前2種とほぼ同様である．越冬前の若齢幼虫の食草はクガイソウである．越冬後は食性を広げ，ゴマノハグサ科，キク科の多くの草本を食する．霧ヶ峰などの大草原や奥日光の湿原に生息するが，主な生息環境は林縁や林間の小規模な草原である．低山帯では林地と田畑の境界にも生息している．

H. ヒメヒカゲ（本州中部亜種，本州西部亜種）　絶滅危惧II類

主な産地は長野県地区，東海地区（静岡県遠江地方～岐阜県美濃地方），近畿・中国地区の3カ所に分かれており，前2者が本州中部亜種とされる．東海地区の生息地は開発によって絶滅した産地が少なくない．生息環境は明るい草原であるが，比較的乾燥した産地と湿性草原とがある．長野県地区，近畿・中国地区では両方のタイプの産地が見られるが，東海地区では全て湿性草原である．霧ヶ峰周辺のように人里から離れた産地もあるが，ため池や水田の周辺，鉄道脇の草地など小規模な草地にも生息する．幼虫は，ヒカゲスゲ，ヒメカンスゲ，アオスゲ，ススキなどのカヤツリグサ科・イネ科の草本を食草とする．年1回の発生で，成虫の発生は暖地で6～7月，寒冷地で7～8月である．卵期が10～14日，蛹期が8～18日で，暖地，寒冷地とも幼虫期とトウモロコシ開花期とが一致する（幼虫越冬）．

I. ウラナミジャノメ（本土亜種）　絶滅危惧II類

東限は神奈川県，南限は屋久島である．本種は，分布東北限付近では年1回，普通年2回，九州など一部では年3回発生する．東海から兵庫県低山地では第1化が6月中～下旬に出現し，第2化が見られるところでは8月下旬～9月上旬が盛期となる．夏世代の飼育例では6月下旬から7月上旬に孵化，8月に蛹化しており，幼虫期とトウモロコシ開花期が重なる．しかし本種の発生回数や幼虫期の齢数は地域による違いが大きく，また同一地域でもばらつくなど複雑である．野外での幼虫の観察例は少ないが，カヤツリグサ科やイネ科の多くの草本を飼育の際に与えれば順調に成長することから，そ

れらが食草となっていると思われる．生息環境は，明るい草原，湿地，疎林，林内の小径沿いまで様々である．

J.ミツモンケンモン　　絶滅危惧Ⅰ類

1943年に盛岡市から日本初記録の後，岩手県，栃木県，群馬県，長野県の各県から報告されたが，分布は本州中・北部に局限されるようである．1970年以降しばらく発見例が途絶えていたが，1993年以降に栃木県で発見され，飼育や野外調査によって食樹がクロツバラとクロウメモドキであることが判明した．これらの食樹は疎林や林縁にも多く，畑や牧場の境界植栽等にも利用されている．都市周辺部の小河川沿いの雑木林や湿地に散在する食樹が宅地造成などで激減してしまったことが既知産地での消滅の原因と考えられている．年2化，5～7月および8～9月に成虫が出現するようだが，野外における幼虫の観察例は極めて少ない．栃木県真岡市では6月下旬に2齢幼虫，7月中旬に終齢幼虫が採集されているため，トウモロコシ開花期と終齢幼虫期が一致すると思われる．

「影響は少ないが受け難いとはいい切れない」とされた8種（亜種）についても検討を加えた．

K. ヤマキチョウ　　準絶滅危惧

中部山岳周辺と北東北に記録があるが，北東北では近年極めて記録が少ない．本種は年1回発生で，成虫は8月中旬ごろ羽化し，越冬して翌年の6月ごろ産卵する．幼虫期は約40日で蛹期は2～3週間であるため，終齢幼虫期とトウモロコシ開花期とが一致する可能性がある．食樹のクロツバラは疎林や林縁に多く，八ヶ岳や富士山，浅間山などの火山山麓では農耕地周辺に生息地が多い．

L. オオルリシジミ（本州亜種，九州亜種）　絶滅危惧Ⅰ類

北東北，中部山岳，阿蘇・久住に分布する．青森および岩手両県下の産地では絶滅した．中部山岳周辺でも絶滅した産地が多い．阿蘇の草原では発生量が多い．本種は年1回発生で，阿蘇では5月中旬，本州では6月上旬が成虫の発生期である．卵期は5～8日，幼虫期は26～34日で，終齢幼虫期とト

ウモロコシ開花期とが一致する可能性がある．食草はクララで，里山の草原や畦畔，堤防，鉄道沿線草地などにかつては生息していた．花を食するが，花序を食い尽くすため幼虫の接触度は低くない．

M. ヒョウモンチョウ（東北以北亜種，本州中部亜種）　　　　準絶滅危惧

東北以北亜種は北海道から岩手県にかけて，本州中部亜種は関東から中部の山地に分布する．本種は年1回発生で，7月中旬ごろ成虫が出現する．7月下旬ごろ産卵が行われ，孵化した幼虫は摂食，成長した後に越冬，翌年さらに成長して蛹化する．このため若齢幼虫期とトウモロコシ開花期とが一致する可能性がある．食草は，本州中部ではワレモコウとオニシモツケ，東北地方や北海道では主にナガボノシロワレモコウで，明るい草原や湿原に生息する．岩手県下ではしばしば休耕田で発生することもある．

N. チャマダラセセリ（四国亜種，北海道・本州亜種）　　　絶滅危惧I類

北海道東部，東北，関東，中部，広島，徳島，高知および愛媛県下で局部的に発生する草原性のチョウである．本種は，寒冷地では年1回5〜6月に成虫が出現し，暖地では年2回（4〜5月・7〜8月），四国では年3回発生する．卵期は約10日，幼虫期は45日ほどで，年2化や年3化（四国亜種）の地域では夏世代の幼虫がトウモロコシ開花期とが一致する可能性がある．食草はキジムシロまたはミツバツチグリで，主にススキクラス，ヨモギクラスのバラ科植物である．火山などの広大な草原のほか，放牧地，水田畦畔や休耕田，堤防，伐採跡地などに生息する．幼虫は食草の葉を巻いて巣を造り，その中に潜む．若齢幼虫は巣の葉の表面をなめるように摂食するが，中齢は主脈を残して葉肉を網目状に食べ続けるため，幼虫の接触度は幼虫の成長段階によって異なる．

O. ギンイチモンジセセリ　　　　　準絶滅危惧

極東の温帯草原に広く分布し，国内でも北海道から九州まで分布する．本種は，寒冷地では年1回，暖地では2〜3回発生する．多くの場合年2化で，春型は5月上旬，夏型は7月下旬〜8月中旬ごろ出現する．卵期は約10日，蛹期は10日前後で，夏型を生じる世代では幼虫期がトウモロコシ開花期とが重なる可能性がある．食草はススキ，チガヤ，オオアブラススキなどのイ

ネ科草本で，火山草原，河川周辺のほか人為的な草地も利用し，堤防，法面，耕作地周辺にも多い．ただし，シルビアシジミが生息するようなシバ型草地には見られない．幼虫は葉を巻いて巣をつくるが，摂食は巣外で行われる．

## 5.4 考察と今後の課題

トウモロコシ圃場からの落下花粉数の推定モデル（第Ⅲ章3の式（4））によれば，圃場から離れるにしたがって落下花粉数は指数関数的に減少する．この指数関数式を用いて，Btトウモロコシ（品種：N 4640 Bt）の花粉に感受性の高いヤマトシジミ1齢幼虫を検定昆虫として摂食による影響をみると1,900個/ $cm^2$ が多少とも影響を受ける花粉密度であり（第Ⅲ章4の2），これに相当する最大堆積花粉密度が生じる可能性のある圃場からの距離は18 mとなる（第Ⅲ章3）．このことから，Btトキシンの生物活性が今回供試したBtトウモロコシ品種（N 4640 Bt）程度であれば，チョウ類等の希少種，保護種等の生息場所が圃場から概ね20 m以上離れていれば影響する可能性はほとんどないと推定される．

上記で検討した「影響を受ける可能性がないとはいえない」とされた11種（亜種）は，いずれも圃場にごく近い場所に依存して生息しているわけではない．しかし，ヒョウモンモドキ，ヒメシロチョウ，ヒメヒカゲなど，本来の生息地である草原や湿地が開発や植生遷移によって失われ，現在は水田やため池，水路などの畦畔，法面が貴重な生息地となっている種が存在する．したがって，これらの種が分布する地域では特に留意する必要がある．

また，従来のBtトウモロコシ花粉よりも生物活性の高い花粉を持つ品種が栽培された場合には，影響する範囲が広がると考えられる．さらに，生息場所の近くに新たなトウモロコシ圃場が造成されたり，開花期が従来のBtトウモロコシ品種と著しく異なる品種が育成，栽培されたりする場合には，具体的事例に基づいてあらためて影響評価を行う必要が生じよう．Btトウモロコシ花粉の影響の可能性が残る上記の11種（亜種）については，生息地域，食草の分布および形態的特性（花粉付着の難易度等），幼虫の摂食行動等の特性について，より詳細な情報を収集しておく必要がある．

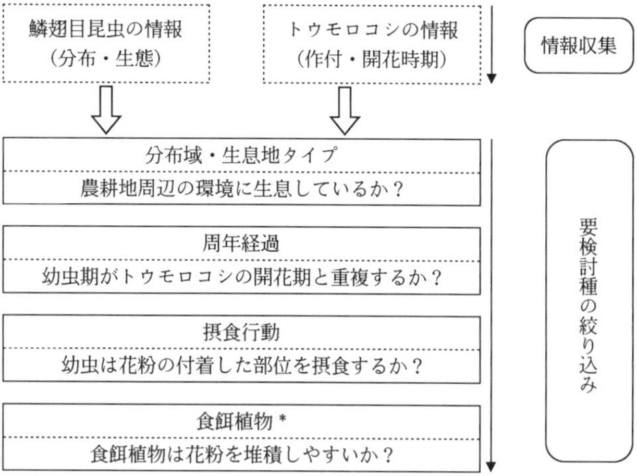


図 Ⅲ-18　鱗翅目昆虫への影響評価のための検討フロー
* 食餌植物については今回は検討しておらず，今後の検討課題

本論で試みた，稀少種等の分布地域や生息地タイプ，トウモロコシの開花時期と幼虫期のずれ，摂食行動の特性等に基づく，Bt トウモロコシの花粉によって影響を受けやすい種の絞り込みの検討手順を図Ⅲ－18 にまとめた．この手順は，今後レッドデータブックがさらに改訂された際にも使用できるものと考える．

（山本勝利，大黒俊哉，　松村　雄）

## 6．要　約

1999 年の緊急調査，およびその後に実施した追加調査の結果を併せて，以下のように要約した．

1）落下花粉数は，トウモロコシ圃場から離れるに従い，指数関数的に減少する．しかし，トウモロコシ花粉の落下数は，気象条件ならびに圃場の大きさや形によって変動すると考えられる．花粉の飛散にとって好適な気象条件を想定し，これ以上は葉に堆積しない花粉数，すなわち最大堆積花粉数は，圃場から 10 m 以上離れると 4,000 個/ $cm^2$ 以下に減少することが推定される．また，調査した圃場の面積を拡大しても，圃場から15 m以上離れれば4,000個/ $cm^2$以下に減少することが試算された．しかし，トウモロコシ圃場の大きさや形の違いによるこれら推定値の適合性については，さらに調査・検討する必要がある．

2）Btトキシンの含有量は，抗体の非特異的吸着や試験中のサンプル劣化などの要因によって変動することがある．Btトキシンの検出法として，ウエスタンブロット法およびダブルサンドイッチELISA法を検討したところ，後者は感度が高く，非特異反応による誤検出をある程度避けることができた．この方法でBtトキシンを測定したところ，Btトウモロコシ（品種：N 4640 Bt）の花粉1 g中のCry 1 Ab濃度は62 ngであった．

3）チョウ目の種類により，Btトウモロコシ花粉（品種：N 4640 Bt）を摂取した際の感受性に差異があり，カイコやアゲハチョウの2齢幼虫では，Btトウモロコシ花粉の摂取による明確な影響は認められなかった．ウラナミシジミ1齢幼虫では，Bt花粉を摂取しても幼虫生存率の顕著な低下は認められなかったが，発育が遅延する傾向が認められた．モンシロチョウを用いた実験では，2齢幼虫の生存率には明瞭な影響は認められなかった．しかし，4齢幼虫を用いた実験では，Btトウモロコシ花粉を与えた区で生存率ならびに発育に影響が認められた． また，ヤマトシジミ1齢幼虫のトウモロコシ花粉摂取により生存率の低下が認められる最下限の花粉密度は1,900個/ $cm^2$，半数が致死する花粉密度は3,400個/ $cm^2$（いずれも花粉1,000個当たり重量0.34 mgで換算）であり，それぞれの花粉密度が堆積する圃場からの距離を第Ⅲ章3－3の推定式(4)により求めたところ，18 mおよび12 mであった．

4) 2000年の改訂版レッドリスト（環境庁，2000）を用いて，鱗翅目の絶滅危惧Ⅰ類，Ⅱ類，準絶滅危惧種90種について，分布域，生息地のタイプ，周年の発生経過，食餌植物，摂食行動などを調査した．その結果，影響を受ける可能性が否定できないので具体的に検討すべき種として，ヒメヒカゲ，ヒョウモンモドキ，ヒメシロチョウなど11種（亜種）をリストアップした．これらの種については，幼虫期がBtトウモロコシ開花期と重なる可能性があるが，生息場所が乾性・湿性草原，二次林など，一般にトウモロコシ圃場に近接することは少ないため，Bt トウモロコシ花粉飛散に伴う幼虫の生育に及ぼす影響は極めて低いと考えられる．しかし，今後，該当種のトウモロコシ畑周辺での生息状況や食草の生態分布，食草に花粉が付着しやすいかどうかの形態的特性，採餌行動などに関わる諸特性について，より詳細な情報を収集する必要がある．

（松尾和人・松井正春）

## （参考）米国におけるBtトウモロコシ花粉のオオカバマダラなどへの影響評価

Bt トウモロコシの花粉がオオカバマダラ幼虫に影響を及ぼす可能性が報告（Losey *et al*., 1999）されて以来，米国ではこの問題に対して組織的な研究が行われ，その成果が 2001 年の米国の科学雑誌（**PNAS**）に 6 報まとめて発表された．これらを総合する形で，Sears ら（2001）は Bt トウモロコシ花粉のオオカバマダラに対するリスクを確率的に示した．すなわち，

$$R = Pe \times Pt$$

*R* は生態リスクで Bt トウモロコシ花粉によりオオカバマダラの幼虫が影響を受ける確率，*Pe* は多化性であるオオカバマダラの特定世代の幼虫が Bt トウモロコシ花粉に暴露される確率，*Pt* は幼虫が生育阻害を起こすレベルの花粉密度に暴露される確率である．米国で普及している Bt トウモロコシの MON 810 系統や Bt 11 系統の花粉が幼虫の生育に影響を及ぼす最低密度は 1,000 個/ $cm^2$ であるので，圃場内の食草上に落下堆積する程度の花粉密度（平均 171 個/ $cm^2$）ではオオカバマダラ幼虫に影響する確率は非常に小さい．

また，*Pe* については，$Pe = L \times O \times A$

で表わされる．*L* は非農耕地も含めてトウモロコシ圃場から発生するオオカバマダラの割合，*O* は Bt 花粉に感受性の 1～2 齢幼虫期と花粉の飛散時期が重なる割合，*A* は Bt トウモロコシ品種ごとの栽培面積割合である．これらから，例えば，アイオワ州の 2000 年における Bt トウモロコシ花粉による

オオカバマダラへのリスク（*R*）は0.0041であると評価された．すなわち，これはBtトウモロコシ花粉により影響を受けるオオカバマダラの夏世代幼虫の割合が0.41％であることを意味している．この推定値は，① Btトウモロコシ品種のEvent 176は，オオカバマダラ幼虫に対する毒性が極めて強く，花粉密度が平均的に11～20個/$cm^2$で幼虫に生育阻害を起こすが（Hellmich *et al.*, 2001），この品種が，トウモロコシ圃場全体の5％に栽培された，② Btトウモロコシ花粉のオオカバマダラ幼虫への毒性が比較的弱いMON 810およびBt 11が20％栽培された，として求められた．さらに，将来的にEvent 176が栽培されず，一方，Bt 11およびMON 810が作付け面積の最大限度である80％栽培されたとすると，*R*は0.00047に低下する．なお，Event 176は，市場性が低いことから種子生産が中止され，2003年には市場から消える見込みである（Sears *et al.*, 2001）．これらのデータに基づき，米国環境保護庁（EPA）は，米国で広く栽培されているBtトウモロコシ品種の花粉飛散によるオオカバマダラ個体群へのリスクは全体として非常に低く，無視できる程度であると評価した（EPAホームページ）．

さらに，Btトウモロコシ花粉の絶滅危惧種等への影響が，シジミチョウの1種Karner Blue Butterfly, *Lyceides melissa*で調査，検討された．調査は，本種の代わりとなる感受性昆虫に対するBtトウモロコシ花粉の毒性，幼虫の発育時期と花粉飛散時期との重なり，Btトウモロコシ圃場からの花粉の飛散範囲とこの種の生息域との重なりなどについて行われた．EPAは結論として，このシジミチョウの生息域がBtトウモロコシ圃場およびその周辺の花粉飛散範囲と重ならないことから，影響がないと評価している（EPAホームページ）．

米国においては，広大なコーンベルト地帯と国民的人気のあるオオカバマダラの移動・生息地域が重なり，Btトウモロコシ花粉のオオカバマダラへの影響について国民の関心が高い．今回，Btトウモロコシの花粉が実際にこのチョウの個体群に影響を及ぼしているのかどうかについて，毒性と暴露確率に関する調査データに基づいて，そのリスクを求めた結果，生育に影響が及ぶほどの花粉量に暴露される個体群の確率は0.41％であると推定され，これに基づきオオカバマダラへの Bt トウモロコシ花粉の影響は無視出来ると評価が下された．このことは，科学的な手法に基づいて非標的生物に対するリスクを評価した１つの典型として参考になる．しかし，新たな Bt トウモロコシ品種を認可する場合に，圃場の中に落下堆積する平均的な花粉密度でオオカバマダラの幼虫の大半が致死してしまうような量，あるいは活性を有する Bt トキシンを花粉中に含有し，かつ市場性が高いと見込まれる品種が現れた場合には，オオカバマダラ個体群へのリスクが今回の推定した確率 0.4 %（Sears *et al.*, 2001）よりも高くなる可能性がある．

わが国には，オオカバマダラのようにトウモロコシ圃場を重要な生息場所とし，かつ，国民的注目を浴びるチョウは見当たらない．また，現在まで Bt トウモロコシは全く栽培されていない．さらに，リスク評価の対象種が絶滅危惧種等となると，リスクを確率的に示すのは極めて困難である．第Ⅲ章４－２に評価の具体的方法について詳しく述べたが，それを実際に適用し確率的な評価を行えるのは，絶滅危惧種等のチョウの保護区域に隣接して Bt トウモロコシが栽培されるような個別的具体的なケースであろう．

（松井正春）

## 引用文献


1）Dively, G. P.（1999）Deposition of corn pollen on milkweed and exposure risk to monarch larvae in Maryland. *In*：Proceedings in Monarch Butterfly Research Symposium.

2）江崎悌三，一色周知，六浦　晃，井上　寛，岡垣　弘，緒方正美，黒子　浩（1971）原色日本蛾類図鑑，改訂新版，保育社

3）Fearing, P. L., D. Brown, D. Vlahcos, M. Meghji, and L. Privalle（1997）Quantitative analysis of CryIA（b）expression in Bt maize plants, tissues, and silage and stability of expression over successive generations. Molecular breeding, 3, 169-176

4）浜　栄一，石井　実，柴谷篤弘（1989）：日本産蝶類の衰亡と保護　第1集，145pp，日本鱗翅学会

5) Hellmich, R. L., L. C. Lewis, and J. M. Pleasants (1999) Bt pollen effects on monarch larvae. *In* : Proceedings in Monarch Butterfly Research Symposium.
6) Hellmich, R.L., B.D. Siegfried, M.K. Sears, D.E. Stanley－Horn, M.J. Daniels, H.R. Mattila, T. Spencer, K.G. Bidne, and L.C. Lewis (2001) Monarch larvae sensitivity to *Bacillus thuringiensis*－ purified proteins and pollen. PNAS, 98, 11925－11930
7) http : // www. epa. gov / pesticides / biopesticides / reds / brad_bt_pip2.htm
BIOPESTICIDES REGISTRATION ACTION DOCUMENT
*Bacillus thuringiensis* Plant－Incorporated Protectants (2001)
8) 福田晴夫，浜　栄一，葛谷　健，高橋　昭，高橋真弓，田中　蕃，田中　洋，若林守男，渡辺康之 (1982) 原色日本蝶類生態図鑑 (Ⅰ).277pp，保育社
9) 福田晴夫，浜　栄一，葛谷　健，高橋　昭，高橋真弓，田中　蕃，田中　洋，若林守男，渡辺康之 (1983)：原色日本蝶類生態図鑑 (Ⅱ).325pp，保育社
10) 福田晴夫，浜　栄一，葛谷　健，高橋　昭，高橋真弓，田中　蕃，田中　洋，若林守男，渡辺康之 (1983a)：原色日本蝶類生態図鑑 (Ⅲ).373pp，保育社
11) 福田晴夫，浜　栄一，葛谷　健，高橋　昭，高橋真弓，田中　蕃，田中　洋，若林守男，渡辺康之 (1983b)：原色日本蝶類生態図鑑 (Ⅳ).373pp，保育社
12) 猪又敏男 (1990)：原色蝶類検索図鑑. 223pp，北隆館
13) 井上　寛，岡野磨瑳郎，白水　隆，杉　繁郎，山本英穂 (1963)：原色昆虫大図鑑，北隆館
14) 井上　寛，杉　繁郎，黒子　浩，森内　茂，川辺　湛 (1982)：日本産蛾類大図鑑，講談社
15) 一色周知，六浦　晃，山本義丸，服部伊楚子 (1965)：原色日本蛾類幼虫図鑑，保育社
16) 環境庁編 (1991)：日本の絶滅のおそれのある野生生物　無脊椎動物編，271pp，自然環境研究センター
17) 環境庁 (2000)：動物レッドリスト (昆虫類).http : // www. biodic. go. jp / rdb / rdb_f. html
18) 川島茂人，松尾和人，杜　明遠，高橋裕一，米村正一郎，井上　聡，酒井英光 (2000) 環境影響評価のためのトウモロコシ花粉落下総数の予測法. 日本花粉学会会誌，46，103－114
19) 川副昭人，若林守男 (1976)：原色日本蝶類図鑑，422pp，保育社
20) Kwon, Y.W. and D. Kim (2001) Herbicide－resistant genetically－modified crop : its risks with an emphasis on gene flow. Weed Biology and Management, 1, 42－52

21）Losey, J. E., L. S. Rayor, and M.E. Canter（1999）: Transgenic pollen harms monarch larvae. Nature, 399, 214

22）松尾和人，川島茂人，杜　明遠，斎藤　修，松井正春，大津和久，大黒俊哉，松村　雄，三田村　強（2002）：Bt遺伝子組換えトウモロコシの花粉飛散が鱗翅目昆虫に及ぼす影響評価. 農環研報，21，41－73

23）日本応用動物昆虫学会監修（1980）:「農林害虫名鑑」.p.111－159,日本植物防疫協会

24）Paterniani, E. and A.C. Stort（1974）Effective maize pollen dispersal in the field, Euphytica, 23, 129－134

25）Pleasants, J. M., R. L. Hellmich, and L. C. Lewis（1999）Pollen deposition on milkweed leaves under natural conditions. *In* : Proceedings in Monarch Butterfly Research Symposium

26）Pleasants, J. M., R. L. Hellmich, G.P. Dively, M. K. Sears, D. E. Stanley－Horn, H. R. Mattila, J. E. Foster, P. Clark, and G. D. Jones（2001）Corn pollen deposition on milkweeds in and near cornfields. Proceedings of the National Academy of Sciences of the United States of America, 98（21）, 11919－11924

27）Raynor, G. S., E. C. Ogden and J. V. Hayes（1972）Dispersion and deposition of corn pollen from experimental sources, Agronomy Journal, 64, 420－427

28）Sears, M. K.（1999）Distribution and deposition of Bt corn pollen and the risk of exposure of monarch larvae in Ontario. *In* : Proceedings in Monarch Butterfly Research Symposium

29）Sears, M. K., R. L. Hellmich, D. E. Stanley－Horn, K. S. Oberhauser, J. M. Pleasants, H. R. Mattila, B. D. Siegfried, and G. P. Dively（2001）Impact of *Bt* corn pollen on monarch butterfly populations : A risk assessment. PNAS, 98, 11937－11942

30）白水　隆，原　章（1960,1962）：原色日本蝶類幼虫大図鑑Ⅰ,Ⅱ，保育社

31）高橋　滋（1999）：日本でのミツモンケンモンの生活史. 蛾類通信，203，43－46

32）高橋義行（1988）ELISA法－その特徴と実施上の注意点. 植物防疫，42，88－92

33）矢田　脩，上田恭一郎（1993）：日本産蝶類の衰亡と保護　第2集，207pp,日本鱗翅学会・日本自然保護協会

34）矢野重明（1986）：日本未記録のコンゴウミドリヨトウを岡山県で採集. 蛾類通信，134,136

35）全国農業協同組合連合会（1994）：自給飼料生産利用の手引き，237pp，全国農業協同組合連合会

# Ⅳ．ナタネを例とした他花受精を介した組換え遺伝子の拡散についての考察

## 1．はじめに

遺伝子組換え作物の最初の商業栽培が米国で始まってから既に6年以上が経過しており，この間多くの遺伝子組換え作物が開発され，商業栽培されてきている．こうした遺伝子組換え作物からの導入遺伝子の他の植物，特に雑草への拡散が，他花受精する遺伝子組換え作物の環境中での安全性を評価する上で注目されてきている．そこでナタネを例にとり，他花受精を介した組換え遺伝子の拡散について我々が行った温室や圃場試験の結果もふまえ考察した．

## 2．ナタネと他植物との交雑

除草剤ラウンドアップ耐性の遺伝子組換えナタネの作出に用いられたのは *Brassica napus* 品種である．日本において知られている *Brassica* 属には *B. napus* のほかに，アブラナと呼ばれる在来ナタネ種である *B. rapa* があり，また，一般にカラシナと呼ばれる *B. juncea* がある．わが国では *B. napus* の秋播き品種が搾油を目的に青森県と鹿児島県を中心に僅かに栽培されているほか，*B. rapa* や *B. juncea* の品種が食用/鑑賞用として全国的に栽培されている．そして，日本で自生化（雑草化）しているのは主に *B. juncea* であると考えられている．*B. napus* と *B. juncea* あるいは *B. rapa* 間で自然交配が起こり，その雑種が自然環境下で安定化したとする報告はこれまでにない．一般に，*B. napus* と *B. juncea* あるいは *B. rapa* 間の人工交配は可能であるが，人工交配によっても雑種が容易に得られる組み合わせではなく（常脇，1982；Bing，1991），また，仮に雑種が得られた場合でも，それらの雑種は $F_1$ 世代以降で不稔や生育異常を示すことが報告されており（Dhillon *et al.*,

1985；Sacristan and Gerdemann, 1986；Roy, 1978；Roy, 1980), したがって, *B. napus* と *B. juncea* あるいは *B. rapa* 間の交雑そのものが自然界で問題となるとは考えにくい.

## 3. 遺伝子組換えナタネと非組換えナタネの繁殖性について

除草剤ラウンドアップ耐性の遺伝子組換えナタネ (*B. napus*) を供試し, その非組換え親と繁殖性について温室で比較した. 項目としては種子生産性に関わる項目 (開花始め日数, 開花終わり日数, 総開花数, 着莢数, 種子数/莢), 花粉の形態, 花粉の稔性 (長雄ずい, 短雄ずい), 花粉の寿命, 人工風による花粉の飛散性 (図Ⅳ－1, 図Ⅳ－2), ミツバチの訪花行動 (図Ⅳ－3, 表Ⅳ－1) を観察したが, 両者の間には有意となる差は認められなかった.

温室試験の結果をふまえ, 隔離圃場で除草剤ラウンドアップ耐性の遺伝子組換えナタネ (*B. napus*) を供試し, その非組換え親と繁殖特性について比較した. 種子生産性に関わる項目として, 開花始め, 開花終わり, 開花数, 着莢数, 裂莢数, 莢の長さ, 莢の幅, 種子数/莢, 種子の形態を調査したが, 両者の間には有意となる差は認められなかった.

図Ⅳ-1　人工風による花粉飛散試験の様子

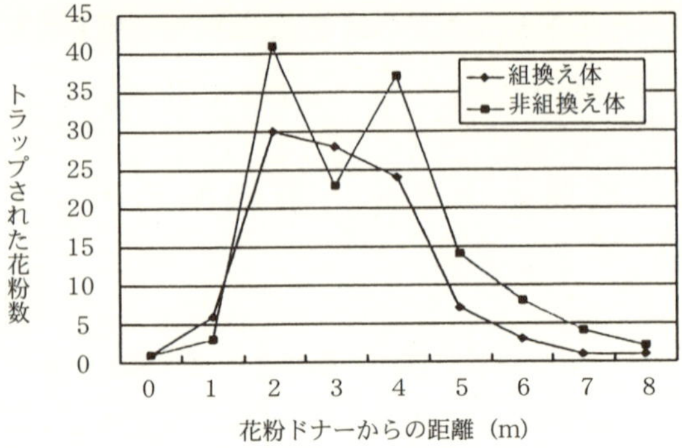


図 Ⅳ-2　人工風による花粉飛散試験結果

0m地点で風速4m/secの風が当たるようにし，各地点に2枚のスライドグラス（76×26mm）を置き，1時間後に送風を停止してトラップされた花粉数を計測した．（上記はその平均値）．花粉ドナーとして用いた組換え体および非組換え体は各2個体とし，両者間で草丈，開花数および開花パターンが極めて類似したものを供試した．

図 Ⅳ-3　ミツバチの訪花試験の様子

表 Ⅳ-1　組換え体および非組換え体におけるミツバチの訪花行動

| | 延べ訪花回数 | 1頭の訪花回数 | 訪花時間 |
|---|---|---|---|
| 組換え体 | 25.3 | 8.3 | 4分 9秒 |
| 非組換え体 | 26.0 | 9.0 | 3分47秒 |

ケージ（幅1.5m×奥行き2m×高さ1.8m）に開花数のほぼ等しい組換え体および非組換え体を各2個体入れ，ミツバチの巣箱を設置して10分間の延べ訪花回数（＝延べ訪花頭数），1頭のミツバチの行動を追跡した際の訪花行動回数およびその延べの訪花時間を調査した．上記は訪花行動が異なる3つの時間帯での観察結果の平均であり，上記の数値に統計的な有意差は認められなかった（Duncan's MRT，$p = 0.05$）

# 4. 遺伝子組換えナタネの自然交雑性に関する隔離圃場試験

組換えナタネ（*B. napus*）と非組換えナタネ（*B. napus*），カラシナ（*B. juncea*）およびアブラナ（*B. rapa*）との自然交雑性の評価を行った．方法としては除草剤ラウンドアップに耐性の遺伝子組換えナタネ（*B. napus*）を供試し，圃場でその非組換え親との交雑試験を行うと同時に，カラシナ（*B. juncea*）やアブラナ（*B. rapa*）との交雑試験も行い，遺伝子組換えナタネの交雑性を調査した．圃場の配置図を図Ⅳ－4に示す．6月に行われた遺伝子組換えナタネと非遺伝子組換えナタネあるいはカラシナとの交雑試験結果を表Ⅳ－2に示す．非遺伝子組換えナタネとの交雑では，隣接0m区が最も高く（11.2％），10m区では1％以下に低下していた．カラシナとの交雑では，隣接 0m区が最も高く（2.3％），5m区では1％以下に低下していた．10月に行われた遺伝子組換えナタネと非遺伝子組換えナタネあるいはアブラナとの交雑試験結果を表Ⅳ－3に示す．非遺伝子組換えナタネとの交雑では，

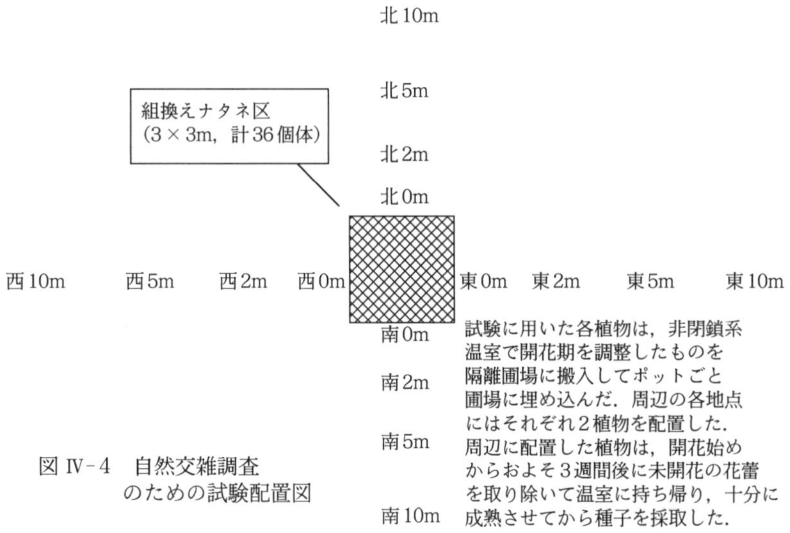
北10m
北5m
組換えナタネ区
（3×3m，計36個体）
北2m
北0m
西10m
西5m
西2m
西0m
東0m
東2m
東5m
東10m
南0m
南2m
南5m
南10m
試験に用いた各植物は，非閉鎖系温室で開花期を調整したものを隔離圃場に搬入してポットごと圃場に埋め込んだ．周辺の各地点にはそれぞれ2植物を配置した．周辺に配置した植物は，開花始めからおよそ3週間後に未開花の花蕾を取り除いて温室に持ち帰り，十分に成熟させてから種子を採取した．

図Ⅳ-4　自然交雑調査のための試験配置図

表Ⅳ-2　組換えナタネと非組換えナタネ（*B. napus*），カラシナ（*B. juncea*）との自然交雑性

| 組換えナタネ区からの方向・距離 | 非組換えナタネ | | | | カラシナ | | | |
|---|---|---|---|---|---|---|---|---|
| | 発芽数 | 発芽率（%） | 抵抗性個体数 | 交雑率*（%） | 発芽数 | 発芽率（%） | 抵抗性個体数 | 交雑率*（%） |
| 北・0m | 186 | 93.0 | 17 | 9.1 | 185 | 92.5 | 3 | 1.6 |
| 東・0m | 194 | 97.0 | 21 | 10.8 | 177 | 88.5 | 6 | 3.4 |
| 西・0m | 193 | 96.5 | 28 | 14.5 | 171 | 85.5 | 4 | 2.3 |
| 南・0m | 190 | 95.0 | 20 | 10.5 | 162 | 81.0 | 3 | 1.9 |
| 0m区平均 | 191 | 95.4 | 21.5 | 11.2 | 174 | 86.9 | 4.0 | 2.3 |
| 北・2m | 196 | 98.0 | 3 | 1.5 | 165 | 82.5 | 6 | 3.6 |
| 東・2m | 193 | 96.5 | 17 | 8.8 | 169 | 84.5 | 2 | 1.2 |
| 西・2m | 194 | 97.0 | 6 | 3.1 | 162 | 81.0 | 4 | 2.5 |
| 南・2m | 193 | 96.5 | 9 | 4.7 | 189 | 94.5 | 2 | 1.1 |
| 2m区平均 | 194 | 97.0 | 8.8 | 4.5 | 171 | 85.6 | 3.5 | 2.1 |
| 北・5m | 191 | 95.5 | 7 | 3.7 | 186 | 93.0 | 0 | 0.0 |
| 東・5m | 197 | 98.5 | 2 | 1.0 | 179 | 89.5 | 0 | 0.0 |
| 西・5m | 198 | 99.0 | 2 | 1.0 | 184 | 92.0 | 0 | 0.0 |
| 南・5m | 183 | 91.5 | 2 | 1.1 | 176 | 88.0 | 1 | 0.6 |
| 5m区平均 | 192 | 96.1 | 3.3 | 1.7 | 181 | 90.6 | 0.3 | 0.1 |
| 北・10m | 188 | 94.0 | 0 | 0.0 | 193 | 96.5 | 0 | 0 |
| 東・10m | 191 | 95.5 | 1 | 0.5 | 191 | 95.5 | 0 | 0 |
| 西・10m** | 189 | 94.5 | 0 | 0.0 | 118 | 84.3 | 0 | 0 |
| 南・10m | 187 | 93.5 | 0 | 0.0 | 193 | 96.5 | 0 | 0 |
| 10m区平均 | 189 | 94.4 | 0.3 | 0.1 | 174 | 93.2 | 0.0 | 0.0 |

*：交雑率（%）＝ラウンドアップ抵抗性個体数/総発芽数×100
**：カラシナの西・10m区から得られた種子は少なく，全粒（140粒）を播種して試験した．

・当研究所の温室で植物体をそれぞれ生育させ，すでに開花した花を全て除いた後に圃場へ運搬した．
圃場の中央に組換えナタネ区（3×3m，36個体）を設置し上記に示した位置にカラシナおよび非組換えナタネを2ポットずつ配置して，6月2日から6月26日まで圃場に置いた．その後，ポットを回収して温室で莢を成熟させた後，種子を回収した．
・組換えナタネとの交雑種子は，各区の植物から採種した種子をそれぞれ140ないしは200粒を播種し，播種ご2－3週間目の幼植物に0.9kgal/haのラウンドアップを散布して，生き残った植物数をそれぞれ調査した．

隣接0m区が最も高く（17.8%），5m区では1%以下に低下していた．アブラナとの交雑では，隣接0m区が最も高く（3.1%），5m区では1%以下に低下していた．

以上，どの事例においても，組換えナタネと非組換えナタネ，カラシナやアブラナとの隣接区での交雑率は，これまで文献で報告されている交雑率の

表Ⅳ-3　組換えナタネと非組換えナタネ（*B. napus*），アブラナ（*B. rapa*）との自然交雑性

| 組換えナタネ区からの方向・距離 | 非組換えナタネ 発芽数 | 発芽率（%） | 抵抗性個体数 | 交雑率*（%） | アブラナ 発芽数 | 発芽率（%） | 抵抗性個体数 | 交雑率*（%） |
|---|---|---|---|---|---|---|---|---|
| 北・0m | 199 | 99.5 | 27 | 13.6 | 199 | 99.5 | 1 | 0.5 |
| 東・0m | 200 | 100.0 | 42 | 21.0 | 199 | 99.5 | 17 | 8.5 |
| 西・0m | 200 | 100,0 | 32 | 16.0 | 198 | 99.0 | 5 | 2.5 |
| 南・0m | 199 | 99.5 | 41 | 20.6 | 200 | 100.0 | 2 | 1.0 |
| 0m区平均 | 200 | 99.8 | 35.5 | 17.8 | 199 | 99.5 | 6.3 | 3.1 |
| 北・2m | 199 | 99.5 | 9 | 4.5 | 199 | 99.5 | 5 | 2.5 |
| 東・2m | 198 | 99.0 | 9 | 4.5 | 197 | 98.5 | 0 | 0.0 |
| 西・2m | 199 | 99.5 | 8 | 4.0 | 199 | 99.5 | 6 | 3.0 |
| 南・2m | 200 | 100.0 | 2 | 1.0 | 191 | 95.5 | 2 | 1.0 |
| 2m区平均 | 199 | 99.5 | 7.0 | 3.5 | 197 | 98.3 | 3.3 | 1.6 |
| 北・5m | 199 | 99.5 | 1 | 0.5 | 197 | 98.5 | 2 | 1.0 |
| 東・5m | 197 | 98.5 | 3 | 1.5 | 196 | 98.0 | 0 | 0.0 |
| 西・5m | 197 | 98.5 | 1 | 0.5 | 196 | 98.0 | 0 | 0.0 |
| 南・5m | 200 | 100.0 | 1 | 0.5 | 198 | 99.0 | 0 | 0.0 |
| 5m区平均 | 198 | 99.1 | 1.5 | 0.8 | 197 | 98.4 | 0.5 | 0.3 |
| 北・10m | 196 | 98.0 | 1 | 0.5 | 185 | 92.5 | 0 | 0 |
| 東・10m | 200 | 100.0 | 2 | 1.0 | 200 | 100.0 | 0 | 0 |
| 西・10m | 200 | 100.0 | 0 | 0.0 | 194 | 138.6 | 0 | 0 |
| 南・10m | 199 | 99.5 | 0 | 0.0 | 193 | 96.5 | 0 | 0 |
| 10m区平均 | 199 | 99.4 | 0.8 | 0.4 | 193 | 106.9 | 0.0 | 0.0 |

*：交雑率（%）＝ラウンドアップ抵抗性個体数/総発芽数×100

・当研究所の温室で植物体をそれぞれ生育させ，すでに開花した花を全て除いた後に圃場へ運搬し，上記に示した位置にそれぞれ2ポットずつ配置して，10月6日から10月31日まで圃場に置いた．その後，ポットを回収して温室で莢を成熟させた後，種子を回収した．

・組換えナタネとの交雑種子の確認は，各区の植物から採取した種子をそれぞれ200粒播種し，播種後2－3週間目の幼植物に0.9kgal/haのラウンドアップを散布して，生き残った植物数をそれぞれで調査した

範囲内で，組換えナタネ栽培区から10 m離れると交雑率は1％以下に低下する結果が得られた．

また，カナダの圃場で行われた花粉の飛散性試験（図Ⅳ－5）で得られた結果でも，従来のナタネで得られていた知見を超えるような交雑率は示されなかった（表Ⅳ－4）．

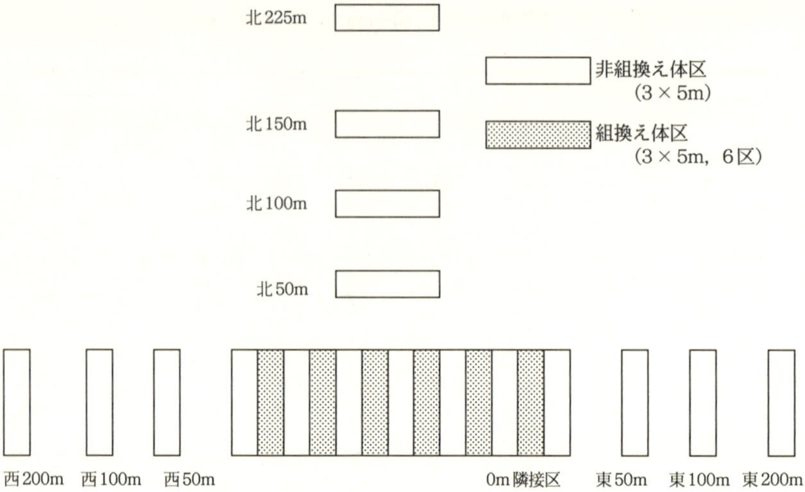


図 Ⅳ-5 自然交雑試験プロット略図（カナダ，サスカトーン）

表 Ⅳ-4 自然交雑試験プロット略図（カナダ，サスカトーン）

| 中央区からの距離（m） | 方角 | 供試種子数 | 発芽率（%） | 抵抗性個体数 * | 交雑率（%） |
|---|---|---|---|---|---|
| 50 | 東 | 2,400 | 89 | 2 | 0.09 |
| 50 | 西 | 2,400 | 86 | 5 | 0.24 |
| 50 | 北 | 2,400 | 92 | 5 | 0.23 |
| 100 | 東 | 2,400 | 92 | 1 | 0.05 |
| 100 | 西 | 2,400 | 97 | 5 | 0.21 |
| 100 | 北 | 2,400 | 90 | 2 | 0.09 |
| 150 | 北 | 2,400 | 90 | 0 | 0.00 |
| 175 | 東 | 2,400 | 90 | 2 | 0.09 |
| 200 | 西 | 2,400 | 94 | 2 | 0.09 |
| 225 | 北 | 2,400 | 92 | 3 | 0.14 |
| 0 | 隣接区 | 2,400 | 96 | 113 | 4.9 |

*：各区から採取・播種し，発芽した植物にラウンドアップを散布して生き残った個体数.
非組換えナタネの場合は，46mで2.1%，137mで1.1%，366mで0.6%（カナダ農務省，K. Downey氏調査試験結果）.

# 5. 結論および考察

以上，繁殖性に関し，除草剤ラウンドアップ耐性の遺伝子組換えナタネは従来のナタネと比較し，他品種との交雑性についてもこれまでに報告されている交雑率を上まわるものではなかった.

*B. napus*（遺伝子型：AACC）は一部のゲノムを *B. juncea*（AABB）および *B. rapa*（AA）と共有しており，両者と交雑して雑種種子の形成が可能である（Jorgensen, 1999）. 近年，除草剤耐性の付与された組換えナタネ（*B. napus*）の栽培に伴って，*B. juncea* あるいは *B. rapa* との間で交雑が起き，連続的な交雑や戻し交雑によって，組換えナタネの導入遺伝子が，*B. juncea* 種や *B. rapa* 種に拡散することが懸念されている（Jorgensen, 1999）. しかしながら，一方では，それらの $F_1$ 世代以降では花粉稔性や種子稔性が低下すること，$F_1$ 雑種が種子休眠性を示さないことも報告されており（Jorgensen, 1999；Salisbury, 2000），その頻度は極めて低いとも考えられる.

これまでに行われた一連の環境安全性評価試験結果は，除草剤ラウンドアップ耐性の遺伝子組換えナタネの花粉が飛散し，他の交雑可能といわれる種と交雑する可能性は，従来のナタネと比較して同程度であることを示している. また，これまでにこうした交雑で得られた雑種が自然界で安定することがなく，自然交雑が起こり雑種ができたとしても，それらの雑種の繁殖性が劣ることも文献から推察された.

また，仮にこうした雑種や後代が自然界に残ったとしても，新たに得られた形質は除草剤ラウンドアップ耐性であり，除草剤ラウンドアップが散布されない限り，選択圧としては働かない. また，こうした雑種を防除するためには他の除草剤を散布したり，耕種的な除草を行えばよい. 以上のことを総合的に考察すると，除草剤ラウンドアップ耐性の遺伝子組換えナタネを栽培することが従来のナタネを栽培することと比べ，環境中でのリスクを高めるものではないと結論された.

## 参考文献

1）Bing, D. J., R. K. Downey and G. F. W. Rakow （1991）: University of Saskatchewan, Canada

2）Dhilson, S. S., K. S. Labana and S. K. Banga(1985） Cruciferae Newsletter, 10, 27

3）Jorgensen, R.B. （1999） BCPC Symposium Proceedings, No.72, April 1999, Keele, Staffordshire, UK, p.117-124

4）Roy, N. N.（1978） Euphytica, 27, 145-149

5）Roy, N. N.（1980） SABRAO J., 12, 43-54

6）Sacristan, M. D. and M. Gerdemann（1986） Plant Breeding, 97, 304-314

7）Salisbury, P. A.（2000） Plant Protection Quartely, 15, 71-76

8）常脇恒一郎. （1982） 植物遺伝学実験法,共立出版社

（山根精一郎・柏原洋司・眞鍋忠久）

# V．病害抵抗性遺伝子導入作物の栽培と微生物との関わり

## —ウイルスの外被タンパク質遺伝子を導入した組換え作物の環境への安全性評価—

### 1．はじめに

大腸菌で初めて遺伝子組換えに成功したのは1973年であり（Cohen, 1973），その後，微生物の遺伝子組換え技術は基礎研究のみならず，インシュリンなどの医薬品の生産にも応用され，産業的にも極めて重要な技術となった．また，1977年には土壌微生物の1種であるアグロバクテリウムが自らの遺伝子の一部を植物に導入することが明らかとなり（Chilton *et al*., 1977），植物における遺伝子組換えの研究が急速に進んだ．その後，ポリエチレングリコール法（Lörz *et al*., 1985, Paszkowski *et al*., 1984）やパーティクルガン法（Klein *et al*., 1988）など，植物へ物理化学的に遺伝子を導入する方法も開発された．植物の遺伝子組換え技術は基礎的な研究において不可欠の技術であるとともに，育種技術としても，従来の方法では育成できないと思われた新しい特性を持つ品種の育成を可能にする画期的な技術として注目を集めている．

1994年に，日持ち性を改良した遺伝子組換えトマト“フレイバー・セイバー”が米国で商品化され，遺伝子組換え農作物の食品としての利用が始まった．1996年には，米国において除草剤耐性ダイズ，害虫抵抗性トウモロコシ，害虫抵抗性ジャガイモおよび害虫抵抗性ワタの商業栽培が開始された．わが国では，1996年10月に厚生省が4種7品目の遺伝子組換え農作物の食品としての安全性を確認したことにより，遺伝子組換え農作物を食する道が開け，現在までに6種44品目（平成14年10月現在）の遺伝子組換え農作物の安全性が確認されている（表V－1－1，表V－1－2）．

表 V-1-1　食品としての安全性が確認されている

| | 品種・商品名 |
|---|---|
| 1 | じゃがいも　ニューリーフ・ジャガイモ (BT－6) |
| 2 | じゃがいも　ニューリーフ・ジャガイモ (SPBT02－05) |
| 3 | じゃがいも　ニューリーフ・プラス・ジャガイモ (RBMT21－129) |
| 4 | じゃがいも　ニューリーフ・プラス・ジャガイモ (BMT21－350) |
| 5 | じゃがいも　ニューリーフ・プラス・ジャガイモ (BMT22－82) |
| 6 | 大豆　ラウンドアップ・レディー・大豆 (40－3－2) |
| 7 | 大豆 (260－05系統) |
| 8 | 大豆 (A2704－12) |
| 9 | 大豆 (A5547－127) |
| 10 | てんさい (T120－7) |
| 11 | とうもろこし (Bt 11) |
| 12 | とうもろこし (Event 176) |
| 13 | とうもろこし (Mon810) |
| 14 | とうもろこし (T25) |
| 15 | とうもろこし (DLL25) |
| 16 | とうもろこし (DBT418) |
| 17 | とうもろこし　ラウンドアップ・レディー・トウモロコシ (GA21) |
| 18 | とうもろこし　ラウンドアップ・レディー・トウモロコシ (NK603) |
| 19 | とうもろこし (T14) |
| 20 | とうもろこし (Bt11 スイートコーン) |
| 21 | とうもろこし (MON863) |
| 22 | とうもろこし (1507) |
| 23 | なたね　ラウンドアップ・レディー・カノーラ (GT73) |
| 24 | なたね (HCN92) |
| 25 | なたね (PGS1) |
| 26 | なたね (PHY14) |
| 27 | なたね (PHY35) |
| 28 | なたね (PGS2) |
| 29 | なたね (PHY36) |
| 30 | なたね (T45) |
| 31 | なたね (MS8RF3) |
| 32 | なたね (HCN10) |
| 33 | なたね (MS8) |

遺伝子組換え農作物（平成14年10月現在）

| 特　　性 | 開　発　者（開発国） |
|---|---|
| 害虫抵抗性（コロラドハムシ等） | Monsanto Company（米国） |
| 害虫抵抗性（コロラドハムシ等） | Monsanto Company（米国） |
| 害虫抵抗性（コロラドハムシ等）<br>及びジャガイモ葉巻ウィルス抵抗性 | Monsanto Company（米国） |
| 害虫抵抗性（コロラドハムシ等）<br>及びジャガイモ葉巻ウィルス抵抗性 | Monsanto Company（米国） |
| 害虫抵抗性（コロラドハムシ等）<br>及びジャガイモ葉巻ウィルス抵抗性 | Monsanto Company（米国） |
| 除草剤耐性（グリホサート） | Monsanto Company（米国） |
| 高オレイン酸形質 | Optimum Quality Grains L.L.C.（米国） |
| 除草剤耐性 | Aventis Crop Science シオノギ株式会社<br>Bayer Crop Science（ドイツ） |
| 除草剤耐性 | Aventis Crop Science シオノギ株式会社<br>Bayer Crop Science（ドイツ） |
| 除草剤耐性（グルホシネート） | Hoechst Schering AgrEvo GmbH（ドイツ） |
| 害虫抵抗性（アワノメイガ等）<br>除草剤耐性（グルホシネート） | Syngenta Seeds AG（スイス） |
| 害虫抵抗性（アワノメイガ等） | Syngenta Seeds AG（スイス） |
| 害虫抵抗性（アワノメイガ等） | Monsanto Company（米国） |
| 除草剤耐性（グルホシネート） | Hoechst Schering AgrEvo GmbH（ドイツ） |
| 除草剤耐性（グルホシネート） | Dekalb Genetics Corporation（米国） |
| 害虫抵抗性（アワノメイガ等）<br>除草剤耐性（グルホシネート） | Dekalb Genetics Corporation（米国） |
| 除草剤耐性（グリホサート） | Monsanto Company（米国） |
| 除草剤耐性（グリホサート） | Monsanto Company（米国） |
| 除草剤耐性（グルホシネート）<br>害虫抵抗性（アワノメイガ等） | Hoechst Schering AgrEvo GmbH（ドイツ） |
| 除草剤耐性（グルホシネート） | Syngenta Seeds AG（スイス） |
| 害虫抵抗性（鞘翅目害虫） | Monsanto Company（米国） |
| 害虫抵抗性 | ダウ・ケミカル日本株式会社 |
| 除草剤耐性 | Pioneer Hi-Bred International, Inc.,<br>Mycogen Seed/ Dow, Agro Sciences LLC（米国） |
| 除草剤耐性（グリホサート） | Monsanto Company（米国） |
| 除草剤耐性（グルホシネート） | Agrevo Canada Incorporated（カナダ） |
| 除草剤耐性（グルホシネート） | Plnt Genetic Systems（ベルギー） |
| 除草剤耐性（グルホシネート） | Plnt Genetic Systems（ベルギー） |
| 除草剤耐性（グルホシネート） | Plnt Genetic Systems（ベルギー） |
| 除草剤耐性（グルホシネート） | Plnt Genetic Systems（ベルギー） |
| 除草剤耐性（グルホシネート） | Plnt Genetic Systems（ベルギー） |
| 除草剤耐性（グルホシネート） | Hoechst Schering AgrEvo GmbH（ドイツ） |
| 除草剤耐性（グルホシネート） | Plnt Genetic Systems（ベルギー） |
| 除草剤耐性（グルホシネート） | Hoechst Schering AgrEvo GmbH（ドイツ） |
| 除草剤耐性（グルホシネート）<br>雄性不稔性 | Plnt Genetic Systems（ベルギー） |

表 V-1-1　続き

| 品種・商品名 |
|---|
| 34 なたね (RF3) |
| 35 なたね (WESTAR − Oxy − 235) |
| 36 なたね (PHY23) |
| 37 なたね　ラウンドアップ・レディー・カノーラ (RT200) |
| 38 わた　ラウンドアップ・レディー・ワタ (1445) |
| 39 わた BXN cotton (10211) |
| 40 わた BXN cotton (10222) |
| 41 わた　インガード・ワタ (531) |
| 42 わた　インガード・ワタ (757) |
| 43 わた BXN cotton (10215) |
| 44 わた (15985) |

わが国では16種78系統の遺伝子組換え農作物について環境に対する安全性が確認され，国内での栽培または輸入が可能となっている．このうち病害抵抗性の向上を目的としたものは13種24件で，ウイルスの外被タンパク質遺伝子を導入することによりウイルス抵抗性を付与したものは，キュウリモザイクウイルス（CMV）病抵抗性トマト（8系統），イネ縞葉枯（RSV）病抵抗性イネ（4系統），CMV抵抗性ペチュニア（1系統）およびCMV抵抗性メロン（1系統）の14系統である（技術安全課および先端産業技術研究課のホームページ，平成14年7月現在）．米国では，2002年12月までに56件の組換え作物に対して無規制栽培（米国内のどの州においても自由に栽培し流通できること）が許可されている（米国農務省動植物検疫局（APHIS）のホームページ）．そのうち6件がウイルス抵抗性を付与した組換え農作物であり，6件のうち5件までがウイルスの外被タンパク質遺伝子を利用して，ウイルス抵抗性を高めたスクワッシュ，トマトやパパイアなどである．

植物体内でウイルスの外被タンパク質（図V－1）を作らせることにより，作物にウイルス抵抗性を付与できることは，Powell − Abelら（1986）よって報告され，これまで数多くのウイルス抵抗性作物が作られてきた．一方，植物病学におけるウイルスの研究で，異なる2種類以上のウイルスが同時に植物に感染した場合，組換え，共生作用およびトランスカプシデーションという3種類の相互作用が知られている．これらの作用により，ウイルスが単

| 特　　性 | 開　発　者(開発国) |
|---|---|
| 除草剤耐性(グルホシネート)<br>稔性回復性 | Plnt Genetic Systems（ベルギー） |
| 除草剤耐性(オキシニル系) | Rhone-Poulenc Agrochimie（カナダ） |
| 除草剤耐性(グルホシネート) | Plnt Genetic Systems（ベルギー） |
| 除草剤耐性(グリホサート) | Monsanto Company (米国) |
| 除草剤耐性(グリホサート) | Monsanto Company (米国) |
| 除草剤耐性(ブロモキシニル) | Calgene Incorporated (米国) |
| 除草剤耐性(ブロモキシニル) | Calgene Incorporated (米国) |
| 害虫抵抗性(オオタバコガ) | Monsanto Company (米国) |
| 害虫抵抗性(オオタバコガ) | Monsanto Company (米国) |
| 除草剤耐性(ブロモキシニル) | Calgene Incorporated (米国) |
| 害虫抵抗性(鞘翅目害虫) | 日本モンサント株式会社 Monsanto Company (米国) |

独で感染した場合に比べ多様な反応を示すと考えられている．GreenとAlison (1994) は，ササゲクロロティックモザイクウイルス（CCMV）の外被タンパク質を発現している組換え植物に外被タンパク質遺伝子に欠損のある同種のウイルスを感染させたところ，正常な外被タンパク質を持つウイルスが発生したことを報告し，遺伝子導入された外被タンパク質遺伝子と感染したウイルスのゲノムとの間で組換えが生じていることを示した．したがって，外被タンパク質遺伝子を導入した組換え農作物を野外で栽培する場合，その組換え農作物に異種のウイルスが感染することで組換えなどが起こり，予期せぬ新たなウイルスが発生する可能性も否定できないという懸念が示された．

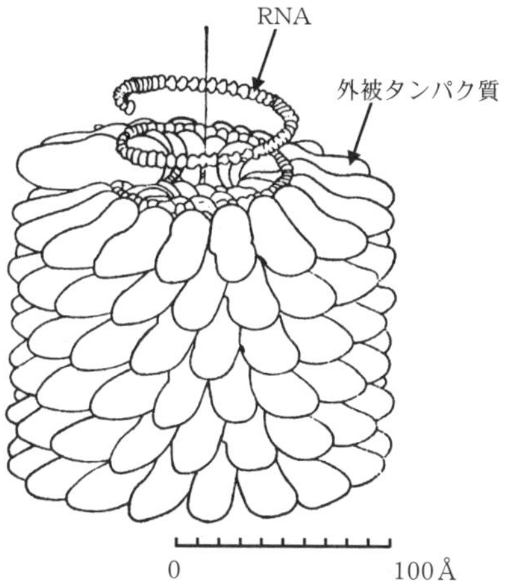


図 V-1　タバコモザイクウイルスの構造モデル（Klug & Casper, 1960）

このような懸念も踏まえ，組換え農作物を野外で利用するに先立って，組換え植物と微生物との相互作用を通して，何らかの環境影響がもたらされる可能性についても十分に配慮する必要があろう.

ここでは，上記の3種類の相互作用について概説した後，すでに開発されている外被タンパク質遺伝子を利用したウイルス抵抗性の組換え農作物について，どのような考え方で安全性評価が行われているか，また，どのような評価項目により環境に対する安全性を確認しているかについて，米国における組換えパパイアおよびわが国で開発された組換えメロンの安全性評価の実例を示して紹介したい.

## 2. 外被タンパク質を発現する遺伝子組換え農作物における3種の相互作用による環境影響

### 2.1 組換え

「組換え」とは2つの核酸分子（DNAまたはRNA）間での塩基配列の交換と定義される．ウイルスゲノム間における組換えは，遺伝子が組み換わることから形質の永続的な変化を意味する．しかし，組換えにより生じた新たなゲノムをもつウイルスが存続する可能性は，① 新規のウイルスゲノムが最初の宿主細胞内で複製できるか，② もとのウイルスと共存した場合に複製できるか，③ 宿主の他の組織に移行できるか，および ④ 他の宿主へ伝搬できるか，による．したがってウイルス抵抗性遺伝子を導入した組換え農作物を栽培する場合，組換えに関して以下の点を考慮する必要がある.

①ウイルスの外被タンパク質を作る組換え農作物が栽培されると，これまでより2種類のウイルス間における外被タンパク質遺伝子の組換えのチャンスは増すと考えられるが，実際に自然界におけるウイルスの組換え頻度は有意に増加するか？

②組換え率に影響を及ぼす要因は何か．その頻度は外被タンパク質分子の濃度に比例するのか.

③形成された組換えウイルスは親（元）ウイルスとの競争に勝てるのか.

これまで作出されてきたウイルス抵抗性組換え農作物における外被タンパ

ク質の発現量は，通常感染したウイルスの作る外被タンパク質量よりはるかに少ない傾向にある．例えば，Asgrow社のカボチャモザイクウイルスとズッキーニ黄斑モザイクウイルスの外被タンパク質遺伝子を導入したズッキーニZW 20系統では，導入遺伝子の作る外被タンパク質は感染したウイルスの作る外被タンパク質の1/100であると報告されている．なお，圃場で栽培される植物に自然発生した2種のウイルスにおいて選抜圧のない状態での組換え頻度は不明である（Henry *et al.*, 1995）．仮に組換え農作物における外被タンパク質の濃度がウィルスが感染した場合に比して高まったとしても，有意に組換え率を増加させるかについて不明であり，これだけをもって組換え率が増加するとは結論づけられない．

## 2.2 共　生

共生（Synergy）とは，2種類のウイルスが同時に自然感染した場合に，それぞれのウイルスが単独で感染した時に比べ病徴が激しくなることを意味する．ジャガイモXウイルス（PVX）とジャガイモYウイルス（PVY）との共

図 V-2　PVYとPVXの混合感染タバコにおける共生作用（Synergism）

生（図V－2）が最初に報告され，その後，共生は一方のウイルスをポティウイルスとするものが多いことが報告されている（OECD，1996）．

外被タンパク質を発現する組換え農作物を栽培した際に，他のウイルスが感染して新たな共生的な病徴を引き起こすかが問題となる．ポティウイルスの遺伝子で共生に関与する可能性がある領域は，N末端のプロテアーゼ，ヘルパー成分/プロテアーゼおよび機能の不明な50 kDのタンパク質に候補が絞られている（Vance *et al.*，1995）．外被タンパク質は共生の発現に関与しないとされていることから，外被タンパク質を単独で発現する組換え農作物に他のウイルスが感染しても共生は起こりにくいと推測される．

## 2.3 トランスキャプシデーション

単一の植物細胞に2種のウイルスまたは同一ウイルスの2つの系統が同時に感染した場合，一方のウイルスのゲノムが他方のウイルスの外被タンパク質に包まれることが起こり得る．これをトランスキャプシデーションという．ウイルスゲノムが両方の外被タンパク質で包み込まれる場合は表現型混合（混合粒子形成）と呼ばれ，ウイルスゲノムが他方の外被タンパク質で包まれる場合をゲノムマスキングまたはトランスキャプシデーションと呼ぶ．

いくつかのウイルスでは外被タンパク質が昆虫伝搬性を決定することが報告されており，このような場合にはトランスキャプシデーションによりウイルス粒子の伝搬性が変わる可能性がある．しかし，このウイルス粒子が新たな宿主に感染し増殖する場合，自分の遺伝子の情報に基づき外被タンパク質を作り利用するため，トランスキャプシデーションはあくまでも一過性の現象であるといえる．

# 3．パパイアリングスポットウイルス（PRSV）の外被タンパク質遺伝子を導入した組換えパパイアに対する米国農務省の判断について

APHISは，1996年9月にコーネル大学とハワイ大学から申請のあったPRSVの外被タンパク質遺伝子を導入した遺伝子組換えパパイアに対して無規制栽培の許可を与えた．以下にPRSV抵抗性パパイアの育成の経緯と農務省による安全性評価の判断の概要について紹介する．

## 3.1 育成の経緯

パパイアを栽培するうえで種々の病虫害が問題にされるが，特にPRSVが重要病害としてパパイアの生産を制限している．この対策として，弱毒ウイルスによる防除やPRSV抵抗性を有するパパイア近縁野生種との種属間交雑や細胞融合などによる品種改良も試みられたが，PRSV抵抗性品種の育成にまで至っていない．PRSVのまん延によりハワイ島のパパイア産業が壊滅

図V-3　パパイアリングスポットウイルスに感染したパパイア（左図）とハワイ島における組換えパパイア（矢印）の野外試験（右図）
右図の手前のパパイアはPRSVの感染により生育遅延している非組換えパパイア

的打撃を受けつつあることから，APHISを中心に，1992年からコーネル大学およびハワイ大学の共同研究として，遺伝子組換えの技術を用いてPRSV抵抗性パパイアの育成を目指したプロジェクトが開始された．

導入された遺伝子は，ハワイ州で分離されたPRSVの弱毒株HA-5-1より得た外被タンパク質遺伝子で，これをパパイア栽培品種「サンセット」にパーティクルガン法により導入した（Fitchet *et al.*, 1992）．得られた組換えパパイアのうちPRSVに抵抗性を示す2系統（「サンセット」パパイア55-1および63-1系統）を選抜し，安全性評価を行った（図V－3）．

### 3.2 「サンセット」パパイア55-1および63-1系統により新たな植物病害虫を誘導するリスクに関する解析

組換え農作物を作出するにあたり，プロモーターやターミネータ等に植物病原菌由来の塩基配列の一部を用いることが多い．APHISでは，病原菌由来の塩基配列をもつ組換え農作物が一般ほ場で栽培されることで，新たな植物病害虫の発生を促さないことを確認することにより，組換え農作物の環境安全性を確認し，無規制栽培の許可を与えることとしている．APHISがPRSVの外被タンパク質遺伝子を導入した遺伝子組換えパパイアが環境に対して悪影響を与えないと判断した根拠（USDA/APHIS Petition 96-051-01P, 1996）について，その概要を紹介する．

#### 1）導入遺伝子，遺伝子産物および発現制御のために付加された制御配列は「サンセット」パパイア55-1および63-1系統で新たな植物病害虫のリスクを示さない．

その理由として，パパイヤに導入された細菌およびウイルス病原体由来のDNA配列は，パパイアゲノムに挿入されると他のDNA配列と同じように維持され，有性生殖により後代へ伝えられる．導入された外被タンパク質遺伝子はPRSV弱毒株HA-5-1に由来しており，本外被タンパク質遺伝子だけでは植物病害は発生せず，むしろPRSV感染に抵抗性を付与する．外被タンパク質遺伝子の発現を制御するプロモーターやターミネータは，アグロバクテリウム，キュウリモザイクウイルスおよびカリフラワーモザイクウイルスに由来しているが，これらは単独でも，外被タンパク質遺伝子と一緒であっても植物に病害を引き起こさないと判断される．

### 2）「サンセット」パパイア55-1および63-1系統は新たな植物ウイルスの出現の可能性を高めない．

PRSVとその伝搬を行うアブラムシは世界中のパパイア栽培地域で広く見いだされるものである．「サンセット」パパイア55-1および63-1系統を野外で栽培しても，従来の植物育種法により育種されたパパイアにPRSVが感染したものに比べ，新規の生物学的特性をもつ植物ウイルスが出現する可能性が高まることはないと判断される．

### 3）トランスキャプシデーションについて

日本など世界の他の地域では，パパイアモザイクポテックスウイルスなど他のウイルスがパパイアへ感染することが報告されているが，ハワイではパパイアに感染することが明らかなポティウイルスはPRSVだけである．したがって米国で「サンセット」パパイア55-1および63-1系統を栽培する場合には，PRSV以外のウイルスの感染が起こりそうもないことから，トランスキャプシデーションが生じることはありそうもない．仮に米国でトランスキャプシデーションが起こったとしても，組換え体で産生する外被タンパク質量はPRSVが自然感染した非組換えパパイアに比べて低いことから，非組換えパパイアで生じるトランスキャプシデーションの頻度を超えないと考えられる．これらの組換えパパイアにPRSVが感染しても同種の外被タンパク質が発現しているため，新規の相互作用は起こりそうもないと判断される．

### 4）外被タンパク質と潜在感染ウイルスについて

ウイルスが最初の感染部位（細胞）から他の細胞に移動できない場合を潜在感染と呼ぶ．希な事例であるが，宿主に潜在感染をもたらすウイルスは，他のウイルスの感染により植物全体へ移行することがある．ポティウイルスの細胞間移動には，少なくとも外被タンパク質遺伝子とヘルパー成分/プロテアーゼタンパク質遺伝子が関与している（OECD，1998）．組換え植物で発現している外被タンパク質が潜在感染したウイルスの移動を可能にする懸念を生じさせる恐れがあるのは，その外被タンパク質が宿主植物に希にしか存在しないか感染しないウイルス由来の場合だけである．その植物で広く流行しているウイルス由来の場合には潜在感染ウイルスとの新たな相互作用は生じない．「サンセット」パパイア 55-1 および 63-1 系統には外被タンパク質のみが導入されており，仮に外被タンパク質遺伝子が潜在感染ウイルスの移動を容易にしたとしても，その影響は潜在感染ウイルスが PRSV に自然感染したパパイアで見られるより重大な問題を引き起こすとは考えられない．

### 5）組換え

米国では PRSV 以外にパパイアに感染するウイルスが知られていないため，組換えが起こる可能性はほぼゼロである．また，組換えパパイアにおける PRSV の外被タンパク質およびその mRNA 量は自然感染した非組換えパパイアにおける量より少ないため，他種のウイルスが米国に導入されパパイアに感染したとしても，組換えパパイアにおける組換えの可能性が PRSV に自然感染した非組換えパパイアより高くなることはないと判断される．

### 6）共　生

前述したように外被タンパク質は共生に関与しているとは考えられていないこと，米国ではパパイヤに感染する PRSV 以外のウイルスが報告されていないことなどから，共生作用は考えられない．

### 7）「サンセット」パパイア 55-1 および 63-1 系統の雑草性

パパイアの属する *Carica* 種は連邦有害雑草法で雑草としてリストされておらず，PRSV 抵抗性が付与されたことにより，本組換えパパイアの雑草性が高まる可能性は考えられないと判断される．

### 8）「サンセット」パパイア 55-1 および 63-1 系統と他の *Carica* 属との雑種の雑草としての可能性

*Carica* 属は 22 種を含む草本性双子葉植物である．栽培パパイアの属する *C.papaua* は *Carica* 属の他種とは交雑不親和性を示すことから，一般条件下においてパパイアと近縁野生種との雑種は形成されにくいとされている．さらに，PRSV に対して感染しやすいことが有害雑草とならないための要因であるとの学術的な証拠はないため，パパイアの PRSV 抵抗性が他の *Carica*

属に伝搬しても，その後代が有害雑草になる可能性は考えられない．

### 9）「サンセット」パパイア55-1および63-1系統による周辺有用生物への影響

PRSVに感染したパパイヤでは比較的高濃度で外被タンパク質が発現しており，これに比べて，外被タンパク質を発現する「サンセット」パパイア55-1および63-1系統が，ミツバチやミミズなどの有用生物に対する直接的な病原性や仮説としての病原性機作も認められない．

なお，APHISの規制対象からの除外決定は「サンセット」パパイア55-1および63-1系統のみならず，これらの系統を育種母本として育成された新規形質を有するパパイアをも対象にしている．

### 10）「サンセット」パパイア55-1および63-1系統の加工農産物への影響

パパイアの果実は成熟させてデザートとして消費されるほか，東南アジアでは未熟果をサラダに用いる．タンパク質分解酵素パパインを含有するパパイヤ乳液は食肉軟化剤として料理用に使用される．PRSV抵抗性を付与してもこれらの特性を変化させ加工農産物に悪影響を与えるとは考えにくい．

以上のような理由により，APHISは本組換えパパイアの栽培により環境に対して悪影響を及ぼすものではないと判断し，無規制栽培の許可を行った．

## 4．わが国におけるキュウリモザイクウイルス（CMV）の外被タンパク質遺伝子を導入した組換えメロンの環境に対する安全性評価

わが国においてもウイルスの外被タンパク質遺伝子を導入した組換え農作物が開発され，環境に対する安全性評価が行われている．わが国の安全性評価についてCMV抵抗性メロンを例にして紹介したい．

組換え農作物を一般圃場で栽培した際に，環境に対して影響を与えるとはどのような状態を指すのだろうか．環境影響を考える上で考慮すべき点は，

①生育および生殖特性，②雑草性，③有毒物質（他感物質等）の産生性と考えられている．これらの特性が大きく変化した場合には，一般環境において非組換え農作物に比べて優位に生存・繁殖する可能性が生じる．この点について，外被タンパク質遺伝子を導入した組換え農作物についても同様に評価される．ウイルスの外被タンパク質遺伝子を利用した組換え農作物においては，すでに説明したように他のウイルスとの「組換え」について考慮する必要がある．さらに，本組換えメロンは，わが国の野外試験では初めての他殖性および虫媒性作物であるため，花粉飛散による遺伝子拡散についても，

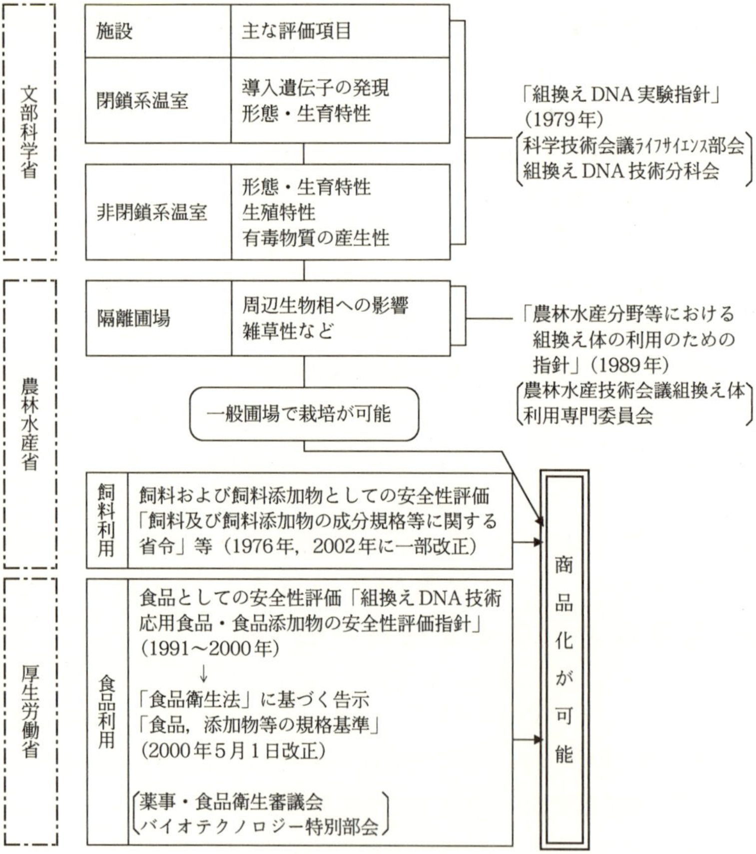


図V-4　我が国における組換え作物の安全性評価の流れ

4. わが国におけるキュウリモザイクウイルス（CMV）の外被タンパク質遺伝子を導

十分な注意を払いながら試験が行われた.

## 4.1 CMV抵抗性組換えメロンにおける環境に対する安全性

わが国の組換え農作物の安全性は文部科学省や農林水産省の指針および厚生労働省の食品衛生法に基づき評価される（図V－4）. CMV抵抗性組換え

表V-2 ウイルス抵抗性を付与した遺伝子組換えメロンの各段階での評価項目

| 調査項目 | 閉鎖系温室 | 非閉鎖系温室 | 模擬的環境 |
|---|---|---|---|
| 1 導入遺伝子の存在様式，発現および遺伝 | | | |
| 1) 選択マーカー遺伝子（NPT－II） | ○ | | |
| 2) CMV外被タンパク質（CP）遺伝子の存在 | ○ | | |
| 導入遺伝子の発現（CPタンパク質の産生） | ○ | | |
| 3) ウイルス抵抗性 | ○ | ○ | ○ |
| 2 形態および生育特性 | | | |
| 1) 形態調査 | | | |
| 一般形態（草姿,葉形,果形など） | ○ | | |
| 2) 生育特性 | | | |
| 開花特性（雌雄着花性特性） | | ○ | |
| 成熟迄日数 | | ○ | |
| 3 生殖および稔性特性 | | | |
| 花粉の形状 | ○ | | |
| 花粉の稔性 | ○ | | |
| 花粉の飛散性・他家受粉性 | | ○ | ○ |
| 花粉の寿命 | ○ | | |
| 種子の稔性 | | ○ | ○ |
| 種子の発芽率 | | ○ | |
| 虫媒性 | | | ○ |
| 近縁種との交雑可能性 | ○ | | |
| 繁殖様式の調査 | | | ○ |
| 花粉飛散距離の調査 | | | ○ |
| 媒介昆虫相の調査 | | | ○ |
| 4 雑草性 | | | |
| 越年性（耐寒性） | | | ○ |
| 種子の休眠性・発芽性 | | ○ | |
| 5 有毒物質産生能 | | | |
| 1) 産生物質の分析 | | | |
| 生体内での有毒物質産生 | | ○ | |
| 根からの根圏への有毒物質排出 | | ○ | |
| 大気中への有毒物質の放出 | ○ | | |
| 2) 生育阻害効果 | | | |
| 植物遺体の鋤込み試験 | | ○ | |
| 栽培土壌での残留効果 | | ○ | |
| 6 環境（生態系）への影響 | | | |
| 植物相への影響（周辺雑草の生育状況） | | | ○ |
| 微生物相への影響 | | ○ | ○ |
| 7 *Agrobacterium tumefaciens* 残存性 | ○ | | |

表V－3　閉鎖系温室におけるメロン花粉の寿命

| 発芽した花粉粒の有無 | 開花後の経過時間 | |
|---|---|---|
| | 非組換えメロン（市販プリンスメロン） | 組換えメロン（M5） |
| 午前　9：30 | ＋＋ | ＋＋ |
| 午前　11：30 | ＋ | ＋ |
| 午後　1：30 | ± | ± |
| 午後　3：30 | － | － |
| 午後　5：30 | － | － |

＋＋：90％以上の花粉粒が発芽した，＋：50～60％ほどの花粉粒が発芽した
±：発芽する花粉粒がわずかにあった，－：発芽する花粉粒がなかった

メロンの評価項目を表V－2に示す．閉鎖系から隔離圃場における安全性評価の過程で，生殖特性として，花粉の形状，稔性，寿命，風媒性などを調査している（田部井ら 1994 a，1994 b，Tabei *et al.*，1996）．例えば花粉の寿命に関する試験は，試験当日開花した雄花の同じ雄花から継続的に花粉を採取して，その発芽能力を調べたものである．その結果，花粉の寿命も組換えメロンと非組換えメロンに差は認められず，午後 1：30 になると，発芽の花粉が急激に減少し，午後 3：00～4：00 ころには全く発芽しなくなった．したがって，メロンの花粉の寿命は実験環境下（閉鎖系温室内での快晴日）では午後 1：30 程度までであると判断され，組換えメロンと非組換えメロンの花粉の寿命に差は認められなかった（表V－3）．

雑草性および有毒物質産生性に関して組換えメロンと非組換えメロンとの間に有意な差異はないことが確認されている（田部井ら 1994 a，1994 b，Tabei *et al.*，1996）．さらに周辺雑草の生育状況および土壌微生物相への影響に関しても差異が見られなかったことから，組換えメロンの栽培による環境への影響は，非組換えメロンの栽培による環境影響を越えるものではないと判断された．

## 4.2　組換えメロンの花粉の飛散性

組換えメロンの花粉飛散については，予備実験から本試験まで 3 年間かけて行った．実験は，花粉供与体のメロン（donor）から，5 m，10 m，15 m，25

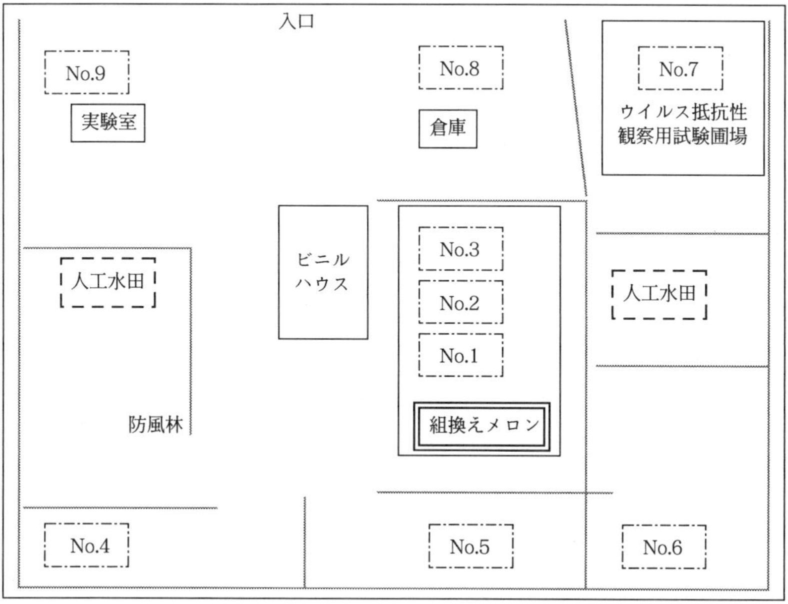


図 V-5　隔離圃場における組換えメロンの花粉飛散実験の配置図
No.1-No.6, No.8-9：花粉を受けるための非組換えメロン

m，35 m および 45 m 離れた地点に花粉を受けるメロン（recipient）を配置し（図V－5），花粉の飛散程度を調査した．

このような実験区におけるメロンの花粉飛散距離についての知見がなかったため，実験初年度（1993 年）は，非組換えメロンを用いて花粉飛散の予備実験を行った．メロンの花粉飛散距離が 10 m 程度であるとの結果を受けて，2 年目（1994 年度）は，組換えメロンを用いて花粉飛散実験を行った．3 年目（1995 年度）は，2 年間の試験結果をもとに，組換えメロンおよび非組換えメロンを用いて花粉の飛散距離を比較した．

最終年度の結果から，組換えメロンおよび非組換えメロンのいずれの後代も，10 m～15 m までの recipent で検出されたが，25 m 以上離れた recipent からは検出されなかった．メロンは虫媒性ではあるが，本実験の条件下において，その花粉飛散距離はあまり長距離ではなく，また，組換えメロンと非組換えメロンの花粉飛散距離は同程度であることが示された.

### 4.3 CMV外被タンパク質遺伝子と他のウイルスとの組換え，共生およびトランスキャプシデーションについて

隔離圃場試験において，自然条件下で栽培した組換えメロンおよび非組換えメロンにおけるウイルスの感染について観察した．その結果，非組換えメロンの15株中1株でCMVが，組換えメロンの15株中1株でPRSVが検出された．組換えメロンに導入されたCMV外被タンパク質遺伝子とPRSVとの間で，組換えが起こっているかを確認するため，PRSVのゲノム（RNA）を鋳型とし，RT−PCRによりCMV外被タンパク質遺伝子の発現を検討した．また，CMVの外被タンパク質の抗体によりPRSVでCMVの外被タンパク質が産生されているかを検討した．また，共生を調査するために，組換えメロンで発症したPRSVの病徴について注意深く観察を行った．

その結果，組換えメロンで発症したPRSVは通常の病徴を示し共生作用を示すような激しい病徴は観察されなかった．また，PRSVを発症した組換えメロンの葉の磨砕液をカボチャに接種し，病徴を観察したところ，典型的なPRSVの病徴が現れた．さらにRT−PCRおよびELISA分析の結果，組換えメロンで増殖したPRSVから，CMV外被タンパク質遺伝子のmRNAおよびCMV外被タンパク質は検出されず，PRSVとの間で組換えが起こっていないことが示された．これらの実験結果に加え，メロンで発現しているCMV外被タンパク質は，自然条件下で多くの作物に頻繁に感染するCMVの外被タンパク質であることと，本組換えメロンで発現している外被タンパク質量は必ずしも多くないこと（Yoshioka *et al*. 1993）を考え合わせると，CMV外被タンパク質遺伝子を導入された組換えメロンにおいて，トランスキャプシデーション，共生および組換えが起こる可能性は，CMVに罹病した非組換えメロンで起こる可能性を上回ることはないと推測される．

以上の実験結果および既知の事例等を考慮し，本組換えメロンが環境に与える影響は，非組換えメロンが環境に与える影響を上回ることはないと判断され，一般圃場での栽培が可能となった．

## 5．おわりに

Powell－Abel ら（1986）により，ウイルスの外被タンパク質を利用したウイルス抵抗性作物の作出が報告されてから，新たなウイルス抵抗性作物を開発する手法として世界各国で利用されてきた．その結果，PRSV 抵抗性パパイアにみられるように，弱毒ウイルスの利用や従来の品種改良では解決できなかった問題に対して，遺伝子組換え技術を用いることにより，初めて有効な PRSV 抵抗性パパイアが育成されたことは，遺伝子組換え技術の育種における大きな可能性を示すものと思われる．

異種ウイルス間の相互作用については，現在も研究が進行中であり，今後新たな知見が得られると思われる．現在開発されているウイルス抵抗性作物のように，対象となる作物に対して高頻度で感染するウイルスの外被タンパク質遺伝子を導入する場合には，前述した理由などから，ウイルス抵抗性組換え農作物の栽培が当該ウイルスに感染した非組換え作物の環境影響を越えるとは思われない．また，近年，外被タンパク質の一部を発現することによりウイルス抵抗性を付与できることも報告され，異種ウイルス間の相互作用の懸念の少ない手法となり得るものと考えられる．

しかし，今後とも外被タンパク質を発現する組換え農作物の栽培により新たなウイルスの発生等を助長することのないように注意を払うのは言うまでもないことであろう．これらの組換え農作物の利用と安全性確保を促進する観点から OECD のプロジェクトである「規制的監督の調和に関するワーキンググループ」では,組換え植物や微生物等の環境安全性評価を効率的かつ正確に行うための基礎資料として，対象となる植物等や導入される形質の特性に関するコンセンサス文章を取りまとめている（OECD Biotrask online）．本文でも引用している「Consensus Document on General Information concerning the Biosafety of Crop Plants Made Virus Resistant through Coat Protein Gene-Mediated Protectio 」は，外被タンパク質遺伝子を利用したウイルス抵抗性に関して OECD 各国の共通認識として取りまとめたものである．このコンセンサス文書は，わが国においても利用の機会が多いと思われることから，社団法人農林水産先端技術産業振興センターから邦訳「外被タンパク質遺伝子を利用したウイルス抵抗性作物のバイオセーフティに関する一般情報についてのコンセンサス文書」が出版されており，ウィルス抵抗性の組換え農作物の安全性を考えるうえで重要な知見を与えてくれる．

## 引用文献

1）APHIS Web site : http : // www.aphis.usda.gov / bbep/

2）Cohen, S. N. *et al.*（1973）Construction of Biologically Functional Bacterial Plasmids In Vitro. Proc. Nat. Acad. Sci. USA, 70, 3240-3244

3）BBEP, APHIS, USDA（1996）USDA/ APHIS Petition 96-051-01P for the Determination of Nonregulated Status for Transgenic ‘Sunset’ Papaya Lines 55-1and 63-1 : Environmental Assessment and Finding of No Significant Impact.

4）Chilton M. D., *et al.*（1977）Stable incorporation of plasmid DNA into higher plant cells : the molecular basis of crown gall tumorigenesis . Cell, 11, 263-271

5）Fitch M. M. M., *et al.*（1992）Virus resistance papaya plants derived from tissues bombarded with the coat protein gene of papaya ringspot virus. Bio / technology, 10, 1499-1472

6）Green, A. E. and R. F. Alison（1994）Recombination Between Viral RNA and Transgenic Plant Transcripts. Science, 263, 1423-1424

7）Henry C. M., *et al.*（1995）Risks associated with the use of genetically modified virus tolerant plants. A report to the Ministry of Agriculture Fisheries and Food（MAFF）, United Kingdom

8）Klein, T. M. *et al.*（1988）Stable genetic transformation of intact Nicotiana cells by the particle bombardment process. Proc. Natl. Acad. Sci. USA, 85, 8502-8505

9）Lörz, H. *et al.*（1985）Gene transfer to cereal cells mediated by protoplast trasformation. Mol. Gen. Genet., 199, 178-182

10）農林水産先端技術産業振興センター（1997）OECD環境安全出版物　バイオテクノロジーの規制的監督の調和シリーズ No.5「外被タンパク質遺伝子を利用したウイルス抵抗性作物のバイオセーフティに関する一般情報についてのコンセンサス文書」

11) 農林水産省農林水産技術会議事務局技術安全課及び先端産業技術研究課のホームページ,http : // www.s.affrc.go.jp/ docs/ genome/ genome.htm

12) OECD (1996) Consensus Document on General Information concerning the Biosafety of Crop Plants Made Virus Resistant through Coat Protein Gene – Mediated Protection. OCDE/ GD (96) 162 No.5

13) OECD Biotrack online (http : // www.oecd.org/ ehs/ cd.htm)

14) Paszkowski, J. *et al.* (1984) Direct gene transfer to plants. EMBO J., 7, 4021-4026

15) Powell – Abel, P. *et al.* (1986) Delay of disease development in transgenic plants that express the tobacco mosaic virus coat protein gene. Science, 232, 738-743

16) 田部井豊ら (1994a) CMV外被タンパク質遺伝子を導入した組換えメロンの閉鎖系温室及び非閉鎖系温室における環境に対する安全性評価 (Ⅰ). 育雑, 44, 101-105

17) 田部井豊ら (1994b) CMV外被タンパク質遺伝子を導入した組換えメロンの閉鎖系温室及び非閉鎖系温室における環境に対する安全性評価 (Ⅱ). 育雑, 44, 207-211

18) Tabei, Y. *et al.* (1997) Environmental Risk Evaluation of Transgenic Melon Plants with Introduced Coat Protein Gene of Cucumber Mosaic Virus (CMV) in an Isolated Field. JIRCAS International Symposium Series, NO. 5, 361-365

19) Vance, V.B. *et al.* (1995) 5' proximal potyviral sequences mediate potato virus X/ potyviral synergistic disease in transgenic plants. Virology, 206, 583-590

20) Yoshioka K. *et al.* (1993) Viral resistance in transgenic melons that express coat protein gene of cucumber mosaic virus and in these progenies. Japan. J. Breed., 43, 629-634

(田部井　豊)

# Ⅵ．植物表生菌における遺伝子の水平移動

## ― *Pseudomonas syringae* 群細菌の毒素産生遺伝子群を例にして ―

### 1．はじめに

*Pseudomonas syringae* 群細菌は様々な植物体の表面に生息している最も代表的な植物病原性の表生菌であるが，遺伝的多様性に極めて富んでいることが知られており，植物に対する病原性や宿主範囲の違いに基づいて50以上の病原型（pathovar）に細分されている（Bradbury，1986；Singh *et al*.，1995）．最近になり，「遺伝子の水平移動によって他の細菌から本群菌のゲノム上へと新たな遺伝子が導入され，その結果，本群菌の適応進化・病原性分化が著しく加速されてきたのではないか」，という可能性を示唆するデータが見出されるようになってきた（Hatziloukas and Panopoulos.，1992；Sawada *et al*.，1997，1999）．したがって，植物表面に普遍的に存在している本群菌が組換え微生物のDNAを取り込み，ゲノム再編成によって新たな改変が行われたり，本群菌が媒介することによって組換え微生物のDNAが他の細菌に広く伝播されたりするなどの問題を生じる可能性も考えられる．しかし，「植物体の表面という特殊な環境下において，どのような遺伝子がいかなるメカニズムで細菌間を水平移動しているのか？」という具体的な実態はまったく不明であり，組換え微生物の安全性評価を行う上での基礎的データの不足が指摘されている．

そこで，筆者らは，本群菌のゲノム上に存在しているファゼオロトキシン（植物に対する毒素の一種であり，病原性因子として働く）の産生に関わっている遺伝子群（*argK-tox* cluster と呼ばれる病原性遺伝子群）を対象として取り上げ，その水平移動に関する解析を開始したところである（Sawada *et al*.，1997，1999，2000，2001，2002；澤田，1999 a，1999 b；澤田ら，1997，2001）．すなわち，*argK-tox* cluster が水平移動を経験してきたことを示す

証拠がゲノム上に残されているかどうか，それにはどのような分子機構が関与してきたのか，などの点について詳細に解析することによって，安全性評価のための基盤整備に寄与することを目指している．ここではその研究の一端を紹介したい．

## 2．ゲノムの進化の道筋を明らかにする

ゲノム上に存在している *argK- tox* cluster が可動性のものであるとすると，本群菌のゲノムは，このような可動性の遺伝子が水平移動によって出入りする「遺伝子の乗り物」のようなものであると考えることもできる．したがって，乗り物であるゲノムの進化の道筋（ゲノム進化）を把握した上で，ゲノム進化と *argK- tox* cluster とを比較してやれば，*argK- tox* cluster 側の水平移動の道筋を把握することができるのではないだろうか？

このような期待のもとで，筆者らはまず最初に，分子進化学的解析とゲノム構造の解析を組み合わせて行うことによって，「本群菌のゲノム進化の道筋」を明らかにすることから始めた．そうすることによって，次章以降で水平移動について検証する際に必要となる比較の対照（＝ゲノム進化に関する情報）を手に入れることができるのではないかと考えたわけである．

### 2.1 分子進化の解析によって明らかになったゲノム進化の道筋

分子進化学的なアプローチによって本群菌のゲノム進化の道筋を明らかにすることを試みた．すなわち，19 種の pathovar に属する 56 菌株の本群菌を供試し，ゲノム上に存在する 4 つの遺伝子（*gyrB*，*rpoD*，*hrpL* および *hrpS*）を指標として選んで，近隣結合法（NJ 法），最大節約法（MP 法）および最尤法（ML 法）という 3 つの系統樹作成法によって各遺伝子ごとに 3 つ，合計 12 個の遺伝子系統樹を作成してみた．その結果，いずれの系統樹においても，Group 1，Group 2，および Group 3 という 3 つのまとまりが共通して現れた．Group ごとのまとまりの程度を示す値であるブートストラップ確率はいずれも非常に高い値となることから，いずれの Group も独立性の高いまとまりであることが明らかとなった．

すなわち，本群菌に関しては，ここで指標として選んだ４つの遺伝子は，いずれも進化の過程でそれぞれ３つの Group に分化してきたことが判明したわけである．しかも，４つの遺伝子の間で，それぞれの Group を構成する菌株は互いに完全に一致していた．このことは，「本群菌において，これら４

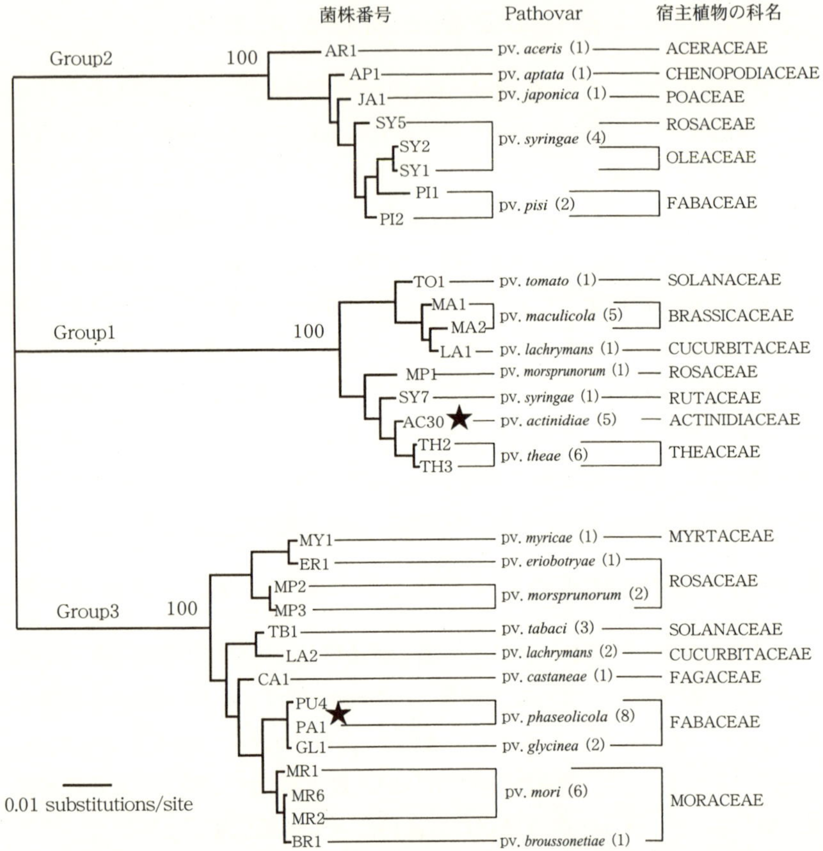


図 Ⅵ-１　*Pseudomonas syringae* 群細菌のゲノム進化の道筋を示す系統樹

ゲノム進化の指標とした４遺伝子（***gyrB, rpoD, hrpL*** および ***hrpS***）から推定した最尤系統樹.枝長は推定塩基置換数に比例する.各枝の数字はブートストラップ確率（%）を示す.ここに示したのは無根系統樹であるが，グループ間の分岐順序は（2,(1,3)）である可能性が極めて高い.菌株番号の右に，各菌株の所属する pathovar（およびその供試菌株数）と分離された宿主植物を示す.★をつけたのは ***argK-tox*** cluster を有する菌株（pv. ***actinidiae*** および pv. ***phaseolicola***）である.

つの遺伝子は少なくとも Group 間にまたがるような水平移動はしておらず，それぞれのゲノム上において進化の道筋をゲノムと共に歩んできている」ということを示している．したがって，4 遺伝子のデータを個別に解析するのではなく，1 つにまとめて総合評価してやれば，ゲノム進化の道筋を示すより信頼性の高い系統樹を構築することができるであろう．実際にそのようにして系統樹を作成してみたところ，各 Group はいずれもブートストラップ確率 100 %のもとで明瞭なまとまりを示すことが認められた（図Ⅵ－1）．

以上の結果から，本群菌の祖先種（pathovar 分化前の共通祖先）は，図Ⅵ－1 に示すような系統進化の過程を経てきた結果，少なくとも 3 つの Group（Group 1～Group 3）へと分化してきたことが明らかとなった．

## 2.2 本群菌のゲノムは可塑性に富んでいる

本群菌の祖先種が進化の過程で 3 つの Group に分化した後，各 Group がそれぞれ別々の進化の道筋を歩むうちに，Group 間でゲノムの構造にどのような違いが生じてきたのかを調べてみた．そのために，3 つの Group（図Ⅵ－1）からそれぞれ代表的な菌株（Group 1 から pv. *actinidiae*，Group 2 から pv. *syringae*，Group 3 から pv. *phaseolicola*）を選び，ゲノムの物理地図を作製して比較してみた．

その結果，これら 3 菌株はいずれもリボソーム RNA（*rrn*）オペロンを 5 コピー持っていること，および，それらのオペロンは 1 本の環状のゲノム上に存在していることが明らかとなった（図Ⅵ－2；この図では，見易くするために環状ゲノムを棒状に模式化して表している）．ゲノムの構造を菌株間で比較してみると，基本的な構造だけでなく，その大きさも著しく異なっていることが判明した．すなわち，pv. *syringae* と pv. *phaseolicola* はサイズがほぼ同程度（約 6 Mbp）であるのに対し，pv. *actinidiae* はかなり小さい（約 4.7 Mbp）ことが認められた．

生存していく上で必須の遺伝子である *rrn* オペロンや *rpoD* が転座し，菌株間で大きく位置が異なっていることも明らかとなった（図Ⅵ－2）．すなわち，分子進化学的解析，同義置換距離やコドン使用頻度に基づく解析の結果なども考え合わせると，pv. *phaseolicola* の *rrnB* は，他の２つの pathovar における *rrnE* に相当するオペロンであり，それが *rpoD* とともに転座して現在の位置へと移ったのであろうと思われる．

以上の結果は，本群菌のゲノムが可塑性に富んでおり，挿入，欠失や転座などのゲノム再編成が進化の過程で大規模かつ活発に起こってきたことを示している．

## 3．*argK－tox* cluster は水平移動を経験している

前章で得られた系統樹（図Ⅵ－1）およびゲノムの物理地図（図Ⅵ－2）の情報（＝比較の対照）の上に，ファゼオロトキシン産生遺伝子群（*argK- tox*

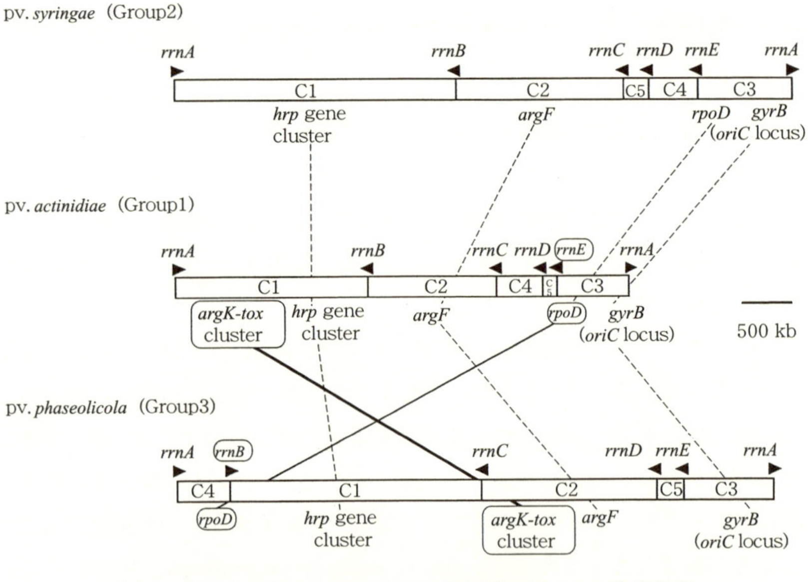


図 Ⅵ-2　*Pseudomonas syringae* 群細菌のゲノムの物理地図

*P. syringae* pv. *syringae*（Group2），pv. *actinidiae*（Group1），および pv. *phaseolicola*（Group3）のゲノム構造を示す模式的な物理地図を示した．地図の構築および遺伝子のマッピングはパルスフィールドゲル電気泳動とサザン分析を組み合せて解析することにより行った．矢印（▲）はリボソーム RNA（*rrn*）オペロンの位置およびその転写方向を示す.破線で結んだのはゲノム間で存在位置が保存されている直系遺伝子の組み合せ，実線は位置が大きく変わっている組み合わせを示す．

cluster）の情報（＝解析対象として選んだマーカー）を重ね合わせることによって，後者の進化機構を明らかにすることを試みた．

ファゼオロトキシンはanabolic ornithine carbamoyltransferase（anabolic OCTase；アルギニン生合成経路に関与している酵素）を標的タンパク質とする非特異的毒素であり（Singh *et al*., 1995），その産生能を有する病原細菌はpv. *actinidiae*とpv. *phaseolicola*という2つのpathovarだけであると考えられてきた（Singh *et al*., 1995；田村ら，1997）．しかし，この2つのpathovarは，系統樹上において全く異なる2つのGroup（pv. *actinidiae*はGroup 1，pv. *phaseolicola*はGroup 3）に点在していることがここで明らかとなったわけである（図Ⅵ－1）．それでは，pv. *actinidiae*やpv. *phaseolicola*と同じGroupに属する近縁のpathovarも*argK*－*tox* clusterをゲノム上に持っているのだろうか？このような疑問を持ったので供試菌株をすべて調べてみたが，pv. *actinidiae*やpv. *phaseolicola*以外に*argK*－*tox* clusterを有するものはまったく認められなかった．伝達性のプラスミド上ではなく，ゲノム上に存在している*argK*－*tox* clusterが，なぜ系統進化の上で大きく異なる2つのGroupにまたがって点在しているのだろうか？その分布拡大の機構についてさらに解析を進めてみた．

そのために，*argK*－*tox* cluster内部に存在している複数の病原性遺伝子群の中から，*argK*（ファゼオロトキシン耐性のanabolic OCTase遺伝子；自家中毒を回避する機能を担っている）を指標として取り上げてみた．そして，pv. *actinidiae*とpv. *phaseolicola*の*argK*の配列を解読し，pathovar間で比較を行ってみた．その結果，2つのpathovarに属する全供試菌株（13菌株）の配列はすべて完全に一致しており，同義置換（アミノ酸配列に影響しない塩基置換；このタイプは置換速度が速いため，ごく近縁の生物間でも違いが生じやすい）さえまったく存在していないことが明らかとなった．このことは，別々の進化過程を経てきた結果（図Ⅵ－1），構造が大きく異なっている2つのpathovarのゲノム上に（図Ⅵ－2），全く同一の遺伝子が分布している，ということを示している．さらに，pv. *actinidiae*とpv. *phaseolicola*との間で，*gyrB*，*rpoD*，*hrpL*および*hrpS*に関して認められる塩基置換数と，

***argK*** で認められる塩基置換数（すなわちゼロ）とを統計的に比較したところ，両者の間には大きな有意差が検出された．以上のことは，これら２つのpathovar に関しては，***argK*** はゲノム上のその他の遺伝子とは同じ進化の道筋を歩んではいない，ということを示している．しかも，***argK- tox*** cluster をゲノムの物理地図上にマッピングしてみたところ，pv. *actinidiae* と pv. *phaseolicola* とではゲノムのまったく異なる位置に存在している，ということも認められた (図Ⅵ－2).

以上のことをすべて考えあわせると,「*argK* は pathovar 分化後に水平移動を経験したために，ゲノム上の他の遺伝子とは塩基置換のパターンに大きな違いが生じた」，ということが強く示唆されてくる．すなわち，本群内における *argK- tox* cluster の分布拡大には,「pathovar 間をめぐる水平移動」というダイナミックな進化機構が関与してきた可能性が浮かび上がってきたわけである．

## 4．*argK* － *tox* cluster は本群以外の菌種からやってきた

### 4.1 OCTase 系統樹と16S rDNA 系統樹の比較に基づく検証

*argK- tox* cluster が水平移動を経験しているのであるならば，その元々の起源 (origin) は pv. *actinidiae* なのか，pv. *phaseolicola* なのか，あるいは本群以外の菌種（すなわち外来性）であったのだろうか？この点に関しても ***argK*** を手がかりにして解析を試みてみた．すなわち，全生物にわたる OC-Tase 遺伝子の進化史を明らかにし，その中における「***argK*** の進化の道筋」をはっきりさせた上で，その「***argK*** の進化の道筋」と「本群菌のゲノム進化の道筋」とを比較してみた．もし ***argK*** が外来性ではなく，本群菌のゲノム上に元から存在していたものならば（すなわち，origin は pv. *actinidiae* か pv. *phaseolicola* のどちらかであり，水平移動の範囲が本群菌の内部に限定されているならば)，両者の進化の道筋は一致しているはずである．

まず最初に,「***argK*** の進化の道筋」を明らかにするために，現在報告されているすべての OCTase 遺伝子を用いて遺伝子系統樹を構築してみた（図Ⅵ

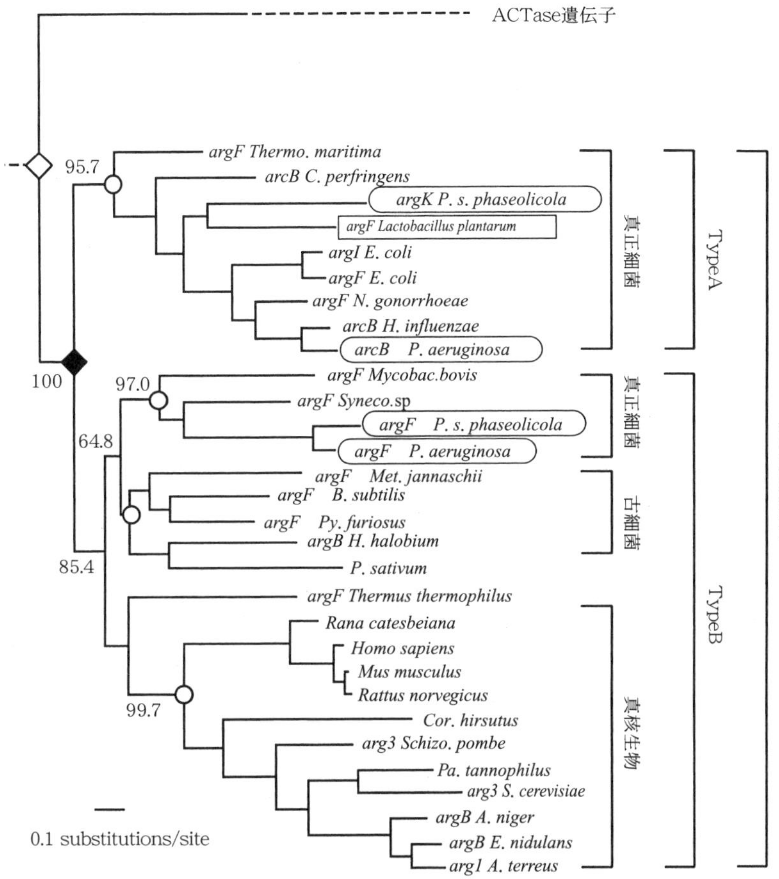


図 VI-3　OCTaseのアミノ酸配列から推定した最尤系統樹

OCTase遺伝子の進化史における「*arg K*の進化の道筋」を明らかにするために，現在報告されているすべてのOCTase遺伝子を用いて系統樹を構築した.系統樹の分岐点における○は各超生物界における種分化の開始，◇および◆は遺伝子重複が起こった位置を示す.

−3)．その結果，生物進化のごく初期に起こった遺伝子重複によってACTase (aspartate carbamoyltransferase) 遺伝子とOCTase遺伝子とが生じた後 (◇で示した分岐)，OCTase遺伝子はさらに遺伝子重複を起こし (◆で示した分岐)，そのためOCTase遺伝子には2つのparalogue (類似遺伝子；遺伝

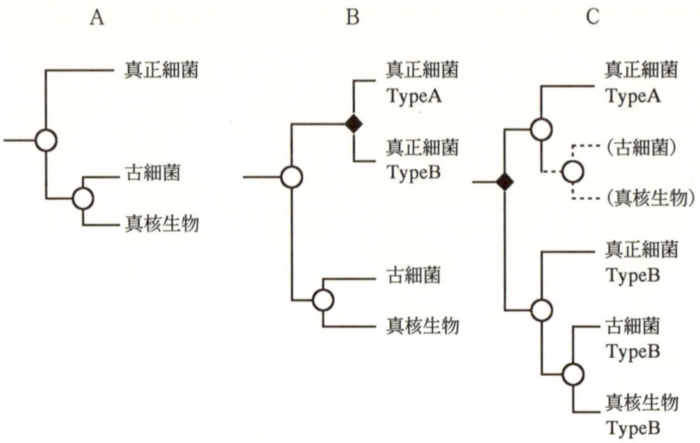


図 Ⅵ-4　全生物にわたるOCTase遺伝子の進化史に関して考えられる3つの仮説
系統樹の分岐点における○は種分化，◆は遺伝子重複が起こった位置を示す．破線はその遺伝子が欠失したことを表す．
A, 進化の過程でOCTase遺伝子の重複がまったくなかった場合；
B, 始原生物が3つの超生物界へと分岐した後の段階で，真正細菌のゲノム上でのみ独立にOC-Tase遺伝子の重複が起こり，その結果，Type AとType Bという一対の類似遺伝子が生まれた場合；
C, 生物進化の初期の段階（始原生物が3つの超生物界へと分岐する前の段階）で，始原生物のゲノム上でOCTase遺伝子に重複が起こって一対の類似遺伝子（Type AとType B）が生まれ，その後，3つの超生物界への分岐が起こった，という場合に得られるOCTase系統樹の樹形．

子重複によって派生した相同遺伝子のこと．ここではTypeAおよびType Bと表記した.）が存在していることが明らかとなった．TypeAには真正細菌のOCTaseのみが含まれているが，TypeBには真正細菌，古細菌，真核生物という3つのDomain（超生物界）のOCTaseがすべて入ってくることが認められた．ただし,「超生物界に相当するクラスター」の分岐順序を示すブートストラップ確率は余り高くないので，超生物界単位の分岐順序に関しては決定的なことは言うべきではない，と判断した．

ここで得られた結果をもとに，全生物にわたるOCTase遺伝子の進化史について考えてみたい．もしOCTase遺伝子に重複が起きていなかったとすると，図Ⅵ－4Aに示したような単純な形の系統樹になったはずであるが，そ

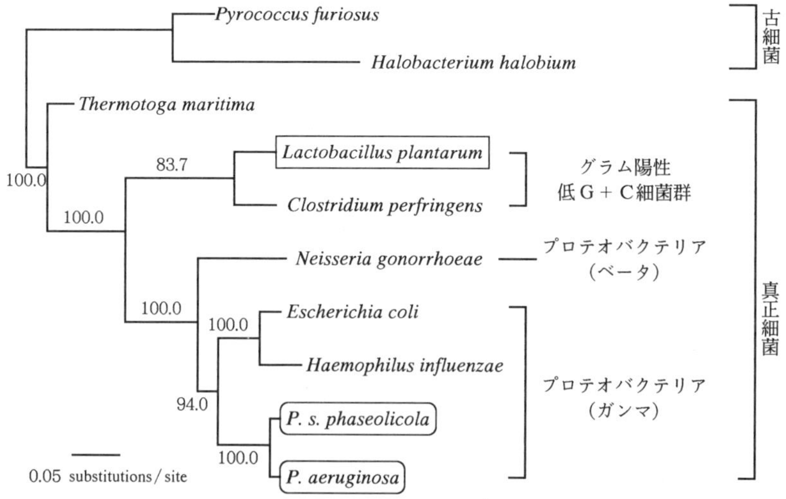


図 VI-5　16S rDNAの塩基配列に基づく最尤系統樹

OCTase系統樹（図VI-3）のTypeAを構成している真正細菌をとりあげ，それらの間の系統関係を示した．*P. syringae*と*P. aeruginosa*はともにプロテオバクテリア（ガンマ）に属する菌種であり，系統樹においても非常に近接した位置にあることがわかる.一方，*Lactobacillus plantarum*が属するグラム陽性低G＋C細菌群は，本群菌とはきわめて遠縁である．

の可能性は今回の解析結果（図VI－3）によって否定されたことになる．図VI－3の系統樹に基づいてOCTaseの進化史を模式的に表すと図VI－4Cのようになるはずである．すなわち，「生物進化の初期の段階（始原生物が3つの超生物界へと分岐する前の段階）で，OCTase遺伝子に重複が起こってTypeAとTypeBという一対の類似遺伝子が生まれ，さらにその後の段階で3つの超生物界への分岐が起こった」，という進化の道筋を図VI－4Cは示している．ただし，前述したように，図VI－3の系統樹からは超生物界単位の分岐順序について決定的なことはいえないことから，図VI－4Bに示した可能性も完全に否定することはできないであろう．すなわち，「始原生物が3つの超生物界へと分岐した後の段階で，真正細菌の系統でのみ独立にOCTase遺伝子の重複が起こった」，という可能性も残されているのである．

しかし，図VI－4のBとCのどちらが正しいにしても，「遺伝子重複によって ACTase 遺伝子と OCTase 遺伝子が生まれた後の段階で，さらに 2 回目の重複が OCTase 遺伝子で起こり，その結果，少なくとも真正細菌のゲノム上には，重複に由来する一対の類似遺伝子（TypeA と TypeB の OCTase 遺伝子）が存在している」，という進化の道筋の概要ははっきりしたわけである．

*argK* が本群菌のゲノム上に元々から存在していたのであるならば，16 S rDNA を指標として構築した系統樹（図Ⅵ－5）における「本群菌のゲノム進化の道筋」と，OCTase 系統樹（図Ⅵ－3）における「*argK* の進化の道筋」は一致するはずである．ところが，OCTase 系統樹において，*argK* は *Lactobacillus plantarum*（グラム陽性低 G＋C 細菌群に属する菌種）の OCTase 遺伝子（*argF*）ときわめて近い関係にあることが認められた（図Ⅵ－3）．このグラム陽性低 G＋C 細菌群というのは，16 S rDNA 系統樹において本群菌とは大きくかけ離れた位置に配置されることから（図Ⅵ－5），本群菌とは系統進化上きわめて遠縁な菌群であるといえる．

以上の結果は，「本群菌のゲノム進化の道筋」（図Ⅵ－5）と，「*argK* の進化の道筋」（図Ⅵ－3）とが大きく食い違っていることを示しており，「*argK* の外来性」を強く示唆している．

## 4.2 GC％プロフィールに基づく検証

コドンの第 3 座位の GC％やコドン使用頻度パターンといった「GC％に関連したプロフィール」には，ゲノムの持つ特徴が明瞭に現れてくることが認められている（Kanaya *et al*., 1997）．したがって，これらの指標を用いて本群菌のゲノムを特徴づけることができれば，その値と比較することによって *argK-tox* cluster の外来性を判定することができるのではないだろうか？このような期待のもとで，本 cluster の外来性について以下のようにさらに検討を進めてみた（表Ⅵ－1）．

1）GC％に関しては，本群菌のゲノム全体としては 56～58％という値が得られている．一方，*argK* のコード領域の GC％は 49.4％という低い値を示している．

表 VI-1　GC％プロフィールに基づく *P. syringae* のゲノムと *argK*- *tox* cluster との比較

| | *P. syringae* ゲノムの一般的傾向 | | | *argK*- *tox* cluster 内部の遺伝子の傾向 | |
|---|---|---|---|---|---|
| | ゲノム全体 | ゲノム上の遺伝子[a] | *argF* | *argK* | DES-ORF |
| GC％ | 56 | 56〜58 | 57.3 | 49.4 | 49.6 |
| コドン第3座位の GC％ (3rd GC％) | − | 68 | 67.8 | 55.2 | 55.4 |
| コドン使用頻度パターン (*Z1*)[b] | − | − | 0.00 | − 0.95 | − 1.36 |

a　CUTG (Codon Usage Tabulated from GenBank) のデータベースに基づく.
b　コドン使用頻度データの主成分分析における第1主成分. 値が0より小さいほど, ゲノムの一般的傾向と異なっていることを示す.

2) コドンの第 3 座位は同義座位であり, 塩基置換が起きても指定するアミノ酸は変化しないことが多いため, その GC％ (3 rdGC) にはゲノムにおける塩基置換の偏り（AT 圧あるいは GC 圧）が直接現れてくるはずである. 本群菌のゲノム上に存在している遺伝子の平均値を求めたところ, 68.0％という非常に高い値が得られた. 一方, 対照的に ***argK*** では 55.2％という低い値となることが明らかとなった.

3) 同義語コドン（1 つのアミノ酸を指定している複数のコドン）はどれも均等に使われているわけではなく, その使用頻度パターンには生物種ごとに特徴的な偏りが認められている. 本群菌のゲノム上の遺伝子を対象に, その使用頻度パターンを主成分分析によって解析したところ, ***argK*** の第一主成分 (*Z 1*) は − 0.95 という値になった. このことは, ***argK*** のコドン使用頻度パターンが, 本群菌のゲノム上の遺伝子の一般的傾向とは大きく異なっているということを示している.

以上のように, ***argK*** は本群菌のゲノムにとって「異質な」遺伝子であることが明らかとなった. さらに, ***argK*** とともに cluster 内部に存在している病原性遺伝子である fatty acid desaturase 遺伝子（DES-ORF）についても, ***argK*** と同様な傾向が確認できた（表VI − 1）. すなわち, これらの結果はいずれも「***argK*- *tox*** cluster は外来性である」ことを強く示唆しているといえる. したがって, 本章, および前章で得られた解析結果のいずれもが, 「***argK*- *tox*** clusterは外来性であり，本群以外の菌種から水平移動によって本群菌のゲノム上へと侵入し，分布を広げてきた」，ということを一貫して強く支持していることが明らかになったわけである．

*argK-tox* clusterによって産生されるファゼオロトキシンは，全身感染と病徴発現をもたらす直接的な病原性因子である（Bender *et al*., 1999；田村ら，1997）．したがって，「pv. *actinidiae* とpv. *phaseolicola* は，水平移動を通じて *argK-tox* clusterを獲得することによって，宿主に対して病徴を発現する能力を新たに獲得することができ，その結果，病原細菌として認識されるようになった」，と考えられる．すなわち，ゲノム上に存在している病原性遺伝子が，植物表生細菌間を水平移動することによって新たな病原性分化（新たなpathovarの誕生）をもたらした，というダイナミックな進化機構がここで明らかになったわけである．

## 5．本群菌のゲノム上におけるOCTase遺伝子の進化史 －水平移動とゲノム再編成がその進化に大きな役割を果たしてきた－

前章まで解析対象として扱ってきた「*argK*」は *argK-tox* cluster内部に存在しており，病原性に密接に関連した機能を果たしている．一方，本群菌のゲノム上には，*argK* 以外にも，もう1つ別のanabolic OCTase遺伝子である「*argF*」が存在している（図Ⅵ－2）．*argF* がコードしているanabolic OCTaseはファゼオロトキシンに対して感受性であり，病原性の発現には全く関与していないが，基本的な代謝に関連した機能を担っており，生存していく上で必須の酵素であることが知られている（Jahn *et al*., 1985）．

本章では，本群菌にとって重要な役割を果たしているこれらOCTase遺伝子に特に焦点を絞り，前章までに得られたデータも含めてさまざまな角度から解析することによって，本群菌のゲノム上にどのようなOCTase遺伝子が存在しており，それぞれがどのような進化の道筋をたどってきたのかを明らかにしていきたい．そして，その作業を通じて，OCTase遺伝子の進化に水平移動やゲノム再編成がどのように関与してきたのか，そのことが本群菌の分化・進化にどのように寄与してきたのかについて考えてみたい．

## 5.1 *argF* は本群菌のゲノム上に最初から存在していた遺伝子である

1）OCTase系統樹（図Ⅵ－3）において，本群菌の ***argF*** はTypeBのまとまりの内部に含まれており，***P. aeruginosa*** の ***argF*** に非常に近い位置に配置されている．この ***argF*** の位置づけは，16 S rDNA系統樹における本群菌の位置づけ（図Ⅵ－5）と一致している．すなわち，***argK*** とは対照的に，「***argF*** の進化の道筋」は「本群菌の進化の道筋」と一致していることが明らかとなった．

2）また，GC％プロフィールに基づいた解析の結果，***argF*** の ***Z 1***（0.00）および3 rdGC（67.8％）の値は，いずれも本群菌のゲノム上の遺伝子一般の傾向と一致していることも確認できた（表Ⅵ－1）．

3）しかも，ゲノム上における ***argF*** の存在位置は，3つのpathovar間で保存されていることも認められた（図Ⅵ－2）．

以上の3つの解析結果は，いずれの点においても ***argK*** とはまったく逆の傾向を示しており，「***argF*** は外来性ではなく，本群菌のゲノム上に元々から存在していた遺伝子である」，ということを強く示唆している（表Ⅵ－2）．

## 5.2 *argF* の類似遺伝子（*P. aeruginosa* の *arcB* の直系遺伝子）は進化の過程で欠失した

本群菌にとって ***argK*** は外来性であり，***argF*** が元々から存在していた遺伝子であるとすると，本群菌のゲノム上には「***argF*** の類似遺伝子」に相当するOCTase遺伝子がもう一つ存在しているのではないだろうか？つまり，真正細菌のゲノム上には，遺伝子重複に由来する一対の類似遺伝子（TypeAおよびTypeBのOCTase遺伝子）が存在しているはずである（図Ⅵ－4 BあるいはC）．また，本群菌に関しては，そのうちの1つが「TypeBに属する ***argF*** である」，ということを前段で確認することができた（表Ⅵ－2）．したがって，本群菌のゲノム上には，***argF*** の類似遺伝子に相当する「TypeAに属

表 Ⅵ-2　*Pseudomonas* 属細菌のゲノム上に現存している OCTase 遺伝子（ただし外来性のものは除く）

| 種　名 | Pathovars | 現存している OCTase 遺伝子の数[a] | その内訳（どちらの類似遺伝子に属しているのか？）[a] Type A | Type B |
|---|---|---|---|---|
| *P. aeruginosa* | | 2 | ***arcB*** | ***argF*** |
| *P. putida* | | 2 | (***arcB***)[b] | (***argF***)[b] |
| *P. fluorescens* | | 2 | (***arcB***)[b] | (***argF***)[b] |
| *P. syringae* | pv. *actinidiae* | 1[c,d] | –[c,d] | ***argF*** |
| | pv. *phaseolicola* | 1[c,d] | –[c,d] | ***argF*** |
| | pv. *syringae* | 1[c] | –[c] | ***argF*** |
| | その他の pathovar | 1[c] | –[c] | ***argF*** |

a　Type A と Type B の OCTase 遺伝子は，生物進化の初期の段階で遺伝子重複によって生まれた一対の類似遺伝子である．この一対の遺伝子のうち，それぞれの種のゲノム上に現在も残っているもののみをこの表にリストアップした．したがって，ゲノム上から欠失してしまっていて今は残っていないもの，および，後から水平移動によって侵入してきた「外来性」のものはこの表には載せていない．　－：ゲノム上から欠失していることを示す．

b　*P. putida* と *P. fluorescens* に関しては，Type A と Type B のどちらがそれぞれ ***arcB***（catabolic OCTase 遺伝子）と ***argF***（anabolic OCTase 遺伝子）へと機能分化してきているのか，ということを直接証明するデータは今のところ得られていない．ただし，ごく近縁の *P. aeruginosa* と *P. syringae* では，どちらにおいても Type B が ***argF*** となっている．したがって，*P. putida* と *P. fluorescens* のゲノム上にも同様な機能分化を経てきた一対の類似遺伝子が存在しているものと推測することができる．すなわち，これらの有している Type A は ***arcB***，Type B は ***argF*** であると考えられる．

c　*P.syringae* では，Type A に属する OCTase 遺伝子（*P. aeruginosa* の ***arcB*** の直系遺伝子に相当する catabolic OCTase 遺伝子であったと考えられる）は，*arc* operon ごとゲノム上から欠失してしまったことが明らかとなった．

d　pv. *actinidiae* と pv. *phaseolicola* のゲノム上に存在している Type A の ***argK*** は外来性であるため，この表には載せていない．

する OCTase 遺伝子」が存在しているはずではないか？

ところで，*P. aeruginosa* のゲノム上には，catabolic OCTase 遺伝子（***arcB***；アルギニン分解経路に関与する酵素をコードしている）と anabolic OCTase 遺伝子（***argF***；アルギニン生合成経路に関与する酵素をコードしている）という 2 コピーの OCTase 遺伝子が存在している（Itoh *et al.*, 1988）．これら 2 つの遺伝子に対し，前章と同様にして GC％プロフィールに基づいた解析や分子進化学的な解析を行ったところ，「どちらも *P. aeruginosa* のゲノム上にもとから存在していた遺伝子である」，ということを強く示唆する結果を得ることができた（データ未発表）．このことは，「*P. aeruginosa* の祖先種のゲノム上では，遺伝子重複に由来する一対の類似遺伝子のうち，一方（TypeA）は *arcB* へ，他方（TypeB）は *argF* へと，ゲノム上でそれぞれが機能分化してきた」，ということを示している（表Ⅵ－2）．

したがって，*P. aeruginosa* と系統進化上きわめて近縁な本群菌のゲノム上にも，同様な機能分化を経てきた一対の類似遺伝子が存在しているのではないか，ということが予想できる．すなわち，本群菌のゲノム上の一対の類似遺伝子のうち，一方が「TypeB に属する anabolic OCTase 遺伝子（*argF*）」であるならば，もう片方の「TypeA に属しているはずの類似遺伝子」というのは，「*P. aeruginosa* の *arcB* に類似した catabolic OCTase 遺伝子」ではないだろうか？

以上のような仮説を立てた上でさまざまな検証を試みてみたが，供試したいずれの本群菌からも *arcB* の orthologue（直系遺伝子；共通祖先ゲノム上の同じ遺伝子（この場合は *arcB*）から種分化によって派生した相同遺伝子）に相当する遺伝子はまったく検出できなかった．ところで，*P. aeruginosa* の *arcB* は，*arcDABC* という配列順序のもとで，「*arc* operon」という 1 つの転写単位（オペロン）として組織化されていることが知られている（Gamper *et al.*, 1991）．そこで，本群菌から，「*P. aeruginosa* の *arcA* あるいは *arcD* の直系遺伝子」が検出できるかどうかについても分析を試みてみた．しかし，*arcB* の場合と同様に，いずれの供試菌株からもそのような直系遺伝子はまったく検出することができなかった．さらに，本群菌からは arginine dihydrolase（= arginine deiminase；*arcA* 産物）の酵素活性がまったく検出できない，ということも確認することができた．以上のことは，本群菌のゲノム上には，「*P.aeruginosa* の *arcB* の直系遺伝子」を含むような「*arcDABC* operon」という構造は存在していない，ということを示している（表Ⅵ－2）．

*P.aeruginosa* における *arc* operon は，嫌気的な条件下でアルギニンを分解して ATP 生成を行う反応経路に関与していることが知られている（Gamper *et al.*, 1991）．一方，本群菌は「植物体の表面」という非常に好気的な環境を生息場所としている（Hirano and Upper, 2000）ので，嫌気的な条件下におか

れる機会はほとんどないであろう．したがって，本群菌にとって *arc* operon は，生存上必須の要素とは考えられない．そのため，本群菌の祖先種（pathovar 分化前の共通祖先）が各 pathovar へと分化する前の段階で，「*P. aeruginosa* の *arcB*（TypeA）の直系遺伝子」は，祖先種のゲノム上から *arc* operon ごと欠失したものと考えられる．

## 5.3 OCTase遺伝子の進化史における水平移動とゲノム再編成の役割

最後に，これまでの解析によって得られたすべてのデータを整理し直した上で,「本群菌のゲノム上において繰り広げられてきたOCTase遺伝子の進化史」を再現し，OCTaseの進化において水平移動とゲノム再編成が果たしてきた役割について評価してみたい．図VI－6にその概要を模式的に示した．

生物進化のごく初期に，始原生物のゲノム上で起きた遺伝子重複によってACTase遺伝子とOCTase遺伝子が生まれたのち（図VI－6 A），さらに２回目の重複がOCTase遺伝子で起こった．その結果，真正細菌のゲノム上には，重複に由来する一対の類似遺伝子（TypeAとTypeBに属するOCTase遺伝子）が存在していることが明らかとなった（図VI－6 B）．その後，*Pseudomonas* 属細菌の共通祖先のゲノム上において，これら一対の類似遺伝子のうち，一方（TypeA）が *arcB*（catabolic OCTase遺伝子）へ，他方（TypeB）が *argF*（anabolic OCTase遺伝子）へと機能分化したものと思われる（図VI－6 B）．さらに，その後，本群菌の祖先種（pathovar分化前の共通祖先）のゲノムから，*arcB* が *arcDABC* operonごと欠失し，*argF* のみがゲノム上に残された（図VI－6 C）．その後，本群菌の祖先種が各pathovarへと分化した後の段階で，*argK*（anabolic OCTase遺伝子）を含む *argK-tox* clusterが，本群以外の菌種からpv. *actinidiae* とpv. *phaseolicola* のゲノム上へと水平移動によって侵入した．その結果，「これら２つのpathovarのゲノム上には，anabolic OCTase遺伝子のみが２コピー（*argK* および *argF*）も存在している」，というきわめて特殊な遺伝子構成が実現されたことになる（図VI－6 D）．すなわち，平常時（*argF*）と病原性を発現する時（*argK*）とで，anabolic OCTaseを使い分けることが可能な体制がこれらのゲノム上に整えら

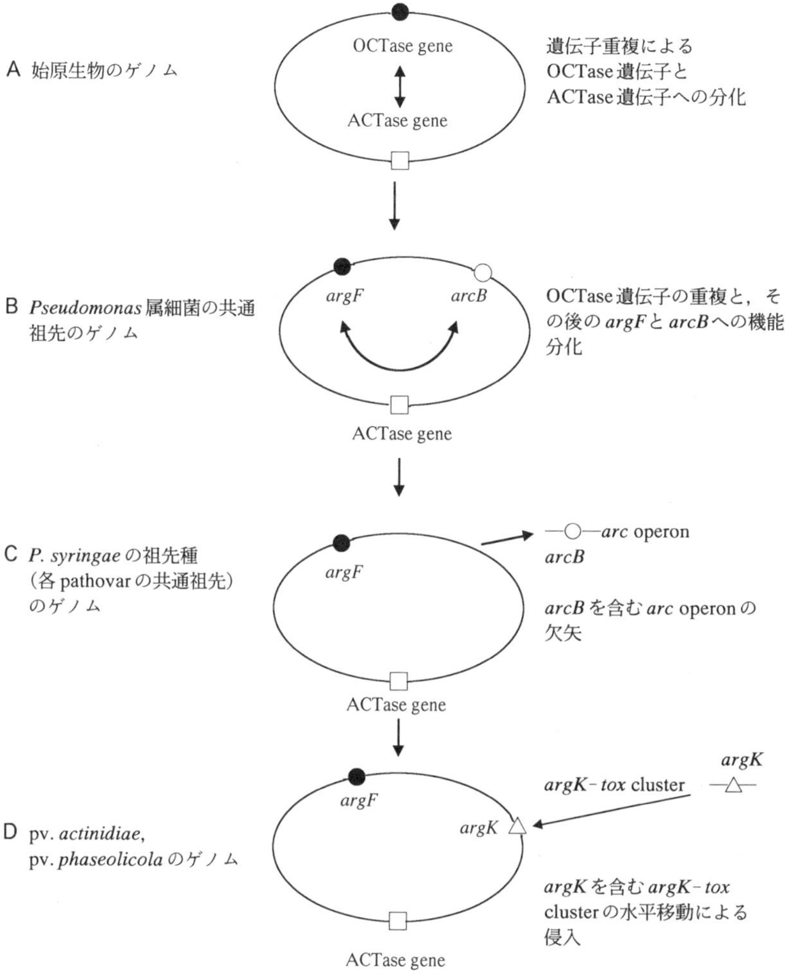


図 VI-6　OCTase遺伝子の進化史

れてきたわけである.

以上のように，「OCTase遺伝子をめぐるゲノムの再編成（重複，欠失および挿入）と水平移動」が，本群菌の進化と多様化（病原性分化）において重要な役割を果たしてきたことがこれまでの研究によって明らかになってきた.

## 6. おわりに

環境汚染物質分解菌の分解代謝系や動物病原細菌の pathogenicity island（病原性アイランド）では，関連する複数のオペロンがクラスター構造をとって接合トランスポゾン，ファージ，伝達性プラスミドなどの可動遺伝因子上に存在していることがあり，遺伝子の水平移動やゲノムの再編成がこれらの進化・機能分化を加速し，多様性を生み出してきたと考えられている（Hacker and Kaper, 1999 ; Tsuda *et al*., 1999）. 植物病原細菌である本群菌においても，コロナチンプラスミドが植物体表面で伝達されることが確認されていたが（Sato, 1988），ゲノム上に存在している病原性遺伝子についても，ここへきてそのダイナミックな進化機構がようやく垣間見えてきたといえよう.

本群菌には非病原性のものがあり，さまざまな植物体表面で腐生生活をしていることが明らかとなってきた（Hirano and Upper, 2000）. 本群菌のゲノムが極めて可塑性に富んでいることから（図Ⅵ－2），「このような非病原性菌株のゲノム上に，他菌種から病原性関連遺伝子が水平移動によって侵入し，新たな pathovar が誕生する」，あるいは，「ゲノム上での再編成の結果，新たな病原性遺伝子群が組織化される」，という病原性分化のシナリオが，ここで扱った *argK-tox* cluster だけにとどまらず，普遍的に適用できる可能性があろう. ただし，肝心のゲノムの可塑性をもたらす要因，すなわち，ゲノム再編成や遺伝子の水平移動をもたらす具体的な分子機構が，本群菌をはじめとする植物表生菌ではまったくわかっていないという問題が残されている. *argK-tox* cluster という pathogenicity island 様の構造を対象にしてさらに解析を進めていくことによって，植物体表面上で盛んに起こっていると予想されるこのようなダイナミックな進化（水平移動やゲノム再編成）の分子機構を明らかにし，組換え微生物の安全性評価のための基盤整備に寄与していきたいと考えている.

## 引用文献

1) Bender, C. L., F. Alarcon-Chaidez and D.C. Gross (1999) *Pseudomonas syringae* phytotoxins : Mode of action, regulation, and biosynthesis by peptide and polyketide synthetases. Microbiol. Mol. Biol. Rev., 63, 266-292

2) Bradbury, J. F. (1986) Guide to plant pathogenic bacteria. CAB International Mycological Institute, Kew, United Kingdom

3) Gamper, M., A. Zimmermann and D. Haas (1991) Anaerobic regulation of transcription initiation in the *arcDABC* operon of *Pseudomonas aeruginosa*. J. Bacteriol., 173, 4742-4750

4) Hacker, J. and J. B. Kaper (1999) The concept of pathogenicity islands. In : Kaper JB, Hacker J (eds) Pathogenicity islands and other mobile virulence elements. p. 1-11, ASM Press, Washington, D.C.

5) Hatziloukas, E. and N.J. Panopoulos (1992) Origin, structure, and regulation of *argK*, encoding the phaseolotoxin-resistant ornithine carbamoyltransferase in *Pseudomonas syringae* pv. phaseolicola, and functional expression of *argK* in transgenic tobacco. J. Bacteriol., 174, 5895-5909

6) Hirano, S. S. and C. D. Upper (2000) Bacteria in the leaf ecosystem with emphasis on *Pseudomonas syringae*- a pathogen, ice nucleus, and epiphyte. Microbiol. Mol. Biol. Rev., 64, 624-653

7) Itoh, Y., L. Soldati, V. Stalon, P. Falmagne, Y. Terawaki, T. Leisinger and D. Haas (1988) Anabolic ornithine carbamoyltransferase of *Pseudomonas aeruginosa* : nucleotide sequence and transcriptional control of the *argF* structural gene. J. Bacteriol., 170, 2725-2734

8) Jahn, O., J. Sauerstein and G. Reuter (1985) Detection of two ornithine carbamoyltransferases in a phaseolotoxin-producing strain of *Pseudomonas syringae* pv. *phaseolicola*. J. Basic Microbiol., 25, 543-546

9) Kanaya, S., T. Okumura, M. Miyauchi, H. Fukasawa and Y. Kudo (1997) Assessment of protein coding sequences in *Bacillus subtilis* genome using species-specific diversity of genes in codon usage based on multivariate analysis : Comparison of the diversity between *B. subtilis* and *Escherichia coli.* Res. Comm. in Biochem. and Cell & Mol. Biol., 1, 82-92

10) Sato, M. (1988) *In planta* transfer of the genes for virulence between isolates of *Pseudomonas syringae* pv. *atropurpurea*. Ann. Phytopathol. Soc. Jpn. 54, 20-24

11) Sawada, H., T. Takeuchi and I. Matsuda (1997) Comparative analysis of *Pseudomonas syringae* pv. actinidiae and pv. phaseolicola based on phaseolotoxin-resistant ornithine carbamoyltransferase gene (*argK*) and 16S-23S rRNA intergenic spacer sequences. Appl. Environ. Microbiol., 63, 282-288

12) Sawada, H., F. Suzuki, I. Matsuda and N. Saitou (1999) Phylogenetic analysis of *Pseudomonas syringae* pathovars suggests the horizontal gene transfer of *argK* and the evolutionary stability of *hrp* gene cluster. J. Mol. Evol., 49, 627-644

13) Sawada, H., S. Kanaya, F. Suzuki, K. Azegami and N. Saitou (2000) Horizontal transfer of the *argK-tox* gene cluster from gram-positive bacteria onto *Pseudomonas syringae* genomes. In : Proceedings of International Symposium "Evolution 2000," Annual Meeting of the International Society of Molecular Evolution. p.44-45, National Institute of Genetics, Mishima, Japan

14) Sawada, H., S. Kanaya, M. Tsuda, F. Suzuki, K. Azegami and N. Saitou (2002) A phylogenomic study of the OCTase genes in *Pseudomonas syringae* pathovars : The horizontal transfer of the *argK-tox* cluster and the evolutionary history of OCTase genes on their genomes. J. Mol. Evol., 54, 437-457

15) Sawada, H., S. Kanaya, M. Tsuda, F. Suzuki, K. Tsuchiya and N. Saitou (2001) Evolutionary history of OCTase genes on *Pseudomonas syringae* genomes. In : Proceedings of International Symposium "Evolutionary Genomics." p.50, Center for Information Biology, National Institute of Genetics, Mishima, Japan

16) 澤田宏之, 鈴木文彦, 松田　泉 (1997) *Pseudomonas syringae*群細菌の遺伝的多様性. 日本植物病理学会「第19回植物細菌病談話会」講演要旨集. p.37-44

17) 澤田宏之 (1999a) *Pseudomonas syringae*群細菌における病原性分化－毒素産生遺伝子群の水平移動が関与？－. 化学と生物, 37, 84-86

18) 澤田宏之 (1999b) *Pseudomonas syringae*の病原性分化と適応進化. IGEシリーズ 26 微生物の共生戦略の分子機構と多様性.(南澤　究 編) p.117-133, 東北大学遺伝生態研究センター

19) 澤田宏之, 津田雅孝, 鈴木文彦, 畔上耕児, 斎藤成也 (2001) 植物病原性 *Pseudomonas syringae* 群細菌における ornithine carbamoyltransferase (OCTase) 遺伝子の動態 : 水平移動とゲノム再編成. 第3回ワークショップ「微生物ゲノム研究のフロンティア」要旨集, p.45

20) Singh, U. S., Singh, R. P., and Kohmoto, K.（eds）（1995） Pathogenesis and host specificity in plant diseases. Elsevier Science Ltd, Oxford, UK

21) 田村勝徳, 今村美和, 米山勝美, 河野芳樹, 山口　勇, 高橋秀夫（1997）キウイフルーツかいよう病菌によるファゼオロトキシン産生とその役割. 日植病報, 63, 263

22) Tsuda, M., H. M. Tan, A. Nishi and K. Furukawa（1999） Mobile catabolic genes in bacteria. J. Biosci. Bioeng., 87, 401-410

（澤田宏之）

# Ⅶ．ストレス耐性等の機能性を付与した次世代型組換え植物の環境への安全性評価

## 1．はじめに

遺伝子組換え植物（本稿では遺伝子組換え農作物ではなく，「遺伝子組換え植物」の用語に統一して議論する）の環境に対する影響については，図Ⅰ－2に示されているように，温室までの段階は文部科学省の「組換えDNA実験指針」により，隔離圃場の段階は農林水産省の「農林水産分野等における組換え体の利用のための指針」に基づいて審査されている．この審査方法はケース・バイ・ケースの原則（導入した遺伝子と導入された植物体の組合わせごとにそれぞれ審査を行う）およびステップ・バイ・ステップの原則（閉鎖系および非閉鎖系の温室での評価ならびに隔離圃場における模擬的環境利用および開放系利用での評価）に基づいて行われている．隔離圃場における環境影響試験では，植物，昆虫，微生物等の非標的生物への影響，雑草性，近縁種との交雑性等について調査し，評価することになっている．現在までにわが国においてこれらの指針に沿って安全性が確認された遺伝子組換え植物が，環境に対して悪影響を及ぼしたという事例は報告されていない．したがって，これらの指針は現在まで有効に機能していると言える．

従来の組換え植物の環境に対する安全性評価における基本原則は，当該組換え植物の環境に対する影響が，対照となる非組換え植物の環境に対する影響の範囲を越えないというものであった．しかしながら，後に述べるように，環境ストレス耐性，環境修復等の次世代型組換え植物の研究が進展しており，これらの組換え植物の安全性評価は如何にあるべきかという新たな課題が生じている．

## 2. 次世代型組換え植物

最近，一次世代の除草剤耐性，害虫抵抗性作物等の組換え農作物に続いて，次世代型の遺伝子組換え植物，すなわち，① ストレス耐性，② 環境浄化，③ 植物工場などに有効な組換え植物の開発が進んでいる．現在までに，ストレス耐性の組換え植物としては，耐乾性のアラビドプシス（Kasuga *et al*., 1999）や耐暑性のタバコ（Miyao *et al*., 1998）などがわが国においても開発されている．環境浄化植物としては，重金属イオンを吸収するレンゲ草（Murooka *et al*., 2000）や窒素酸化物を吸収する街路樹（Morikawa and Takahashi, 2001）などがわが国においても開発されている．また，植物工場向けのものとしては，全農のラクトフェリン遺伝子導入イネや農業生物資源研究所のフェリチン遺伝子導入イネなどの開発が進んでいる．

これらの組換え植物は，現在のところ，閉鎖系温室や非閉鎖系温室を用いた文部科学省の指針（図Ｉ－2）による実験が行われているものが多いが，ラクトフェリン遺伝子導入イネについては，農林水産省の指針による隔離圃場試験が行われている．

これらの次世代型の遺伝子組換え植物のうち，① ストレス耐性植物と② 環境浄化植物については，通常の栽培試験においては導入遺伝子の目的とする機能が十分に発揮されない．したがって，従来の閉鎖系温室，非閉鎖系温室，隔離圃場における試験においては，組換え体と非組換え体の環境に対する影響の差は単に個体差の範囲に納まってしまうと考えられる．しかしながら，これだけで，ストレス耐性や環境浄化植物の環境に対する影響評価が十分と言えるであろうか．これが本章の主要な論点となる．

# 3. ストレス耐性組換え植物の環境に対する安全性評価の考え方

## ―ヒートショックタンパク(HSP)遺伝子を導入した植物を例として―

### 3.1 植物のHSP遺伝子の解析と組換え植物の作出

環境ストレスのうち，高温ストレスに対応して発現する一群の遺伝子としてHSP遺伝子が知られており，分子量の大きい順にHSP 90，HSP 70，HSP 60，HSP 20等が報告されている．Leeら(1998)は，このうち植物で重要な働きをしているHSP 20に着目し，そのcDNAをクローニングし，塩基配列を決定した．栽培種のタバコにおいては2種類のcDNAが存在しているが，これらは2つの祖先種から由来しており，その片方はタンパク質をコードしている配列の中に1塩基の挿入があり，不完全なタンパク質しか合成出来ないことが構造面からわかっている．

タバコのHSP 20遺伝子は，30℃においては発現量が低いが，42℃においては発現が誘導される．また，HSP 20遺伝子のcDNAをCaMV 35プロモーターに連結してタバコに導入したところ，形質転換タバコにおいては非形質転換体と比較して高温耐性が付与されていることが示された(Miyao *et al.*, 1998)．

### 3.2 HSP遺伝子組換え植物の環境中での挙動

ストレス耐性の組換え植物は，当然のことながら，ストレスを与えなければ通常の植物と変わりない．例えば，耐暑性のタバコにおいては，ヒートショックタンパクの1つであるHSP 20の遺伝子を過剰発現させるように改変している．このHSP 20は，植物にとって生育が厳しくなる35℃を越える生育環境において，熱のために徐々に変性していくタンパク質の再生を行うと考えられている．しかしながら，植物にとって快適に生育できる温度の

20℃～25℃においては，発現しているHSP 20は機能する必要がないため，見かけ上の生育には影響しない．

一方，生育環境が35℃を越える気温が長続きした場合を想定してみると，非組換え体のタバコは高温の影響を受け枯死する個体が出るけれども，耐暑性の組換えタバコはHSP 20などによって生理機能が守られるために生き延びる個体が多いと推定される．そのため，もしも，そのような高温地域にタバコ群落が存在していれば，組換えタバコが優占するようになると考えられる．なお，このような過酷な高温環境は，現在の地球上では低緯度の限られた地域，あるいは将来地球が温暖化した場合に想定される．

## 3.3 HSP遺伝子組換え植物の想定される利用目的

HSP遺伝子をタバコに入れると耐暑性という機能が発現する．これを栽培種に導入すれば，異常気象に伴う高温被害を受けにくくなり，あるいは低緯度の高温地域における安定生産に役立つ可能性がある．一方，この遺伝子をタバコ野生種に導入し，耐暑性を獲得させれば，それまで生育できなかった高温地域にも自生する可能性が生じる．したがって，高温乾燥地域において喪失した植生を修復することを目的として，HSP遺伝子組換え植物を利用することも考えられる．

## 3.4 HSP遺伝子組換え植物の環境影響評価

### 1） 基本的な考え方

遺伝子組換え植物の環境影響評価については，従来から，① 遺伝子組換え植物と対照の非組換え植物とを比較して，導入遺伝子の機能発現以外の部分については環境に及ぼす影響が実質的に同等であること，② 導入遺伝子と導入される植物についての生理・生態的な特性がよく分かっていること，特に，それらが環境に悪影響を及ぼすかどうかが，蓄積された知識や経験から予測できること（精通性：ファミリアリティー）をベースに行われてきた．

次世代型組換え植物の環境影響評価においても，これまで受け入れられ，実施されてきた上記のような基本的な考え方に従って進められる．しかし，次世代型においては，導入される遺伝子の機能がこれまでにない広がりを示し，将来的には更に広がることが考えられる．したがって，導入遺伝子の機能と環境との関わりがこれまで以上に複雑，多様となることから，組換え植物による環境問題を生じさせないという観点に立って，時代に即応して新たな評価項目と基準を追加しながら進めて行く必要がある．しかし，実際にはまだ，環境ストレス耐性や環境修復の遺伝子を導入した植物の環境影響評価は行われていないので，HSP 遺伝子組換え植物を例として，考えてみたい．

### 2）想定されるHSP遺伝子組換え植物の環境影響評価の内容とその方法

#### （1）栽培用のタバコにHSP遺伝子を組換え，高温耐性品種を作出することを目的とする場合

遺伝子組換え植物の環境影響としては，次の内容が考えられるので，その影響評価の方法について述べる．

ア）組換え植物が雑草化し，あるいは遺伝子が近縁野生種に拡散する可能性

雑草化や遺伝子拡散については，従来の組換え植物の安全性評価においても重視され，実施されてきた．HSP 遺伝子組換え植物が雑草性を有するかどうか，あるいは近縁野生植物と交雑するかどうかについては，環境ストレスを加えない隔離圃場試験，文献調査，野外における近縁野生種の分布調査等によって知ることができる．HSP 遺伝子が栽培用のタバコに導入された場合には，他の栽培作物で調査されているように，栽培管理がなされない自然条件下に作物が移出しても残存しにくく（Crawley *et al.*, 2001），栽培用タバコについても圃場外に移出して自生し続けるような状況は見られない．また，葉タバコ生産においては摘心作業を必ず行うので，種子がこぼれて圃場内で雑草化し問題となることはない．

栽培用タバコ祖先種の原産地は南米アンデス山脈の標高 1,500 m 付近であるとされており（日本葉たばこ技術開発協会ホームページ），そのような地域には交雑可能な野生種が存在する可能性があるが，標高が高く高温地域でないので HSP 遺伝子組換え植物の利用先としては考えにくい．タバコ（*Nicotiana tabacum* L.）は温帯地方では一年草であるが，熱帯地方では多年草であ

る（牧野，1982）．したがって，高温低緯度地域で利用する場合には，その地域における HSP 遺伝子組換え植物の雑草化の可能性について評価を改めて行う必要があろう．

イ）HSP 遺伝子自体の生産物は有害でないが，遺伝子間相互作用によって生じるかもしれない未知の物質が他の生物に影響を及ぼす可能性

HSP 遺伝子を導入した耐暑性の組換えタバコが，遺伝子（生産物）間相互作用により非組換え植物にはない未知の有毒物質を生産するかどうかについては，通常の温度条件下における実験と併せて，この遺伝子の機能が十分に発揮されるような高温条件下の閉鎖温室で実験を行うことによって，有害物質の生産の有無を確認することが必要である．このように，植物に環境ストレス耐性遺伝子を導入した場合には，その遺伝子の機能が十分に発揮される条件下での有害物質生産や雑草化等の調査も加えるなど，従来の考え方を拡充して評価を行うことにより，環境への安全性の評価が可能であると考えられる．

また，新たな（複数の）遺伝子を導入した場合に，組換え植物体内での予期しにくい遺伝子間相互作用による副生的な生産物について，分子レベルでの研究も進める必要がある．現在では，細胞内の多種多様な遺伝子発現の微細な差について，マイクロアレイ（松原，2000）によって解析が可能となっている．また，プロテオーム（伊藤・谷口，2000）の手法により，遺伝子組換え植物と非組換え植物におけるタンパク質の発現を比較することも可能となってきた．これらの新しい技術を用いることにより，従来は検出できなかった，遺伝子導入による組換え植物と非組換え植物における目的外の遺伝子産物の比較が可能となっており，有害物質の生産のチェックにこれらの技術が応用できる．

（2）植生の貧困な高温乾燥地域の荒れ地を組換え植物で被覆する環境修復を目的とする場合

HSP 遺伝子の利用目的として，植生の貧困な高温乾燥地域における植生の回復が考えられる．タバコ品種の例えばオリエント種は，地中海性気候の夏の厳しい乾燥条件下で栽培され乾燥に強い．HSP 遺伝子を乾燥に強い，しか

も野生系統に組換えた場合を仮定して考えてみると，組換え植物は高温耐性を獲得しており，乾燥に強く，かつ，野生種の性質を有することから，高温乾燥地域に自生し，また，競争種が少ないことから優占種となって分布拡大することが考えられる．このような状態は，環境修復の目的からすると望ましい状況と言える．

一方，環境影響の観点から見ると，植生の維持という大きなベネフィット（便益/恩恵）を有する反面，次のような環境リスクの可能性が考えられる．

① 組換え植物の強害雑草化，② 近縁野生種への遺伝子拡散，③ 植生構造が変化することによる生物多様性保全への影響，④ 環境修復対象地域外への組換え植物の分布拡大，⑤ 組換え植物に含有されるアルカロイドなどによる草食動物への直接的影響などが考えられる．

これらの環境影響については，遺伝子導入の対象植物の生理生態的，遺伝的特性から，雑草性の強さ，含有有毒成分（アルカロイド等）の種類と量，遺伝子拡散の可能性などが定まってくるので，まず，対象植物自体の特性を知る必要がある．そして，環境影響が遺伝子組換えそのものによって生じたものなのか，それとも対象植物が本来有していたものなのかを判別する必要がある．したがって，耐暑性遺伝子を導入するに当たっては，上記のような環境影響が生じにくいような遺伝子導入の対象植物を選択することが重要である．また，雑草化，遺伝子拡散などについては，従来の環境影響評価のための調査研究によっても評価可能な部分が多い．生物多様性保全への影響については，環境修復対象地域に稀少生物，有用生物等が生育・生息している場合には，現地の実状をよく調査し，それらへの影響を評価する必要がある．また，環境修復対象地域以外の比較的気温の低い地域への分布拡大については，組換え植物の耐暑性遺伝子機能が発揮されにくいので，他種植物との厳しい生存競争の中で組換え植物が植生の中で優占種となり，生物多様性の保全に影響する可能性は低いと考えられるが，長期的なモニタリングを実施し確認する必要がある．

次に，組換え植物を開放系で利用する場合に，後述するように，まず，環境へのリスク評価を行い，リスクが無視できない場合にはリスク管理が可能かどうかを見極める必要がある．また，もし長期的なモニタリングによって予期せぬ事柄が判明した場合には，その組換え植物を放出地域から完全に除去するか，あるいは実害がないレベルにまで低コストで管理可能かどうかの技術的な見通しが必要となる．

さらに，耐暑性組換え植物によって環境修復するに当たっては，全く新しい機能を有する組換え植物であるので，野外利用する現地の情報が不足している場合には，現地において事前に環境影響評価のための補足調査を行うとともに，野外利用した後に，組換体の挙動，遺伝子拡散の有無および環境影響の長期なモニタリングを行うことが必要となろう．

## 3.5 導入遺伝子の機能が環境と関わる可能性のある場合の考え方

### 1） リスク管理

導入する遺伝子の機能が環境と関係し，非標的生物等の生態系に影響を及ぼす可能性が考えられる場合には，まず，リスク評価を行うことが不可欠である．その結果，多少ともリスクが考えられる場合には，リスク管理の考え方を取り入れ，環境影響を最小にし，社会的に受容されるような対策を実施する．リスク管理の構成要素としては，① リスク評価，② リスク/ベネフィット分析，③ 影響軽減技術，④ モニタリング，⑤ 規制，規則などの政策決定，⑥ リスクコミュニケーションがある．これらの内容からわかるように環境への安全性に対するリスクを回避するために，リスク管理を科学的，総合的，現実的に実践するという方向性が世界的に模索され，試みられている．

#### （1）リスク／ベネフィット分析

まず，リスク評価を行い，多少ともリスクが考えられる場合にはリスク/ベネフィット分析を行う．上記のように組換えタバコ野生種が自生できるとした場合には，高温が続き，その地域に生育する植物が壊滅して植物体が存在しなくなり土地が荒廃していくよりも，組換え植物がしっかりと根を張ることにより，その地域の植生が維持されることは環境維持にとって有益である．一方，組換え植物が地面を覆うことによって生じる生物多様性保全への影響や，草食動物への影響などが考えられる．これらのベネフィットとリスクを適切に評価し，ベネフィットが十分に高く，リスクが極めて低いのであれば，リスク管理の考え方を取り入れながら，組換え植物を利用することが考えられる．

ところで，作物に害虫抵抗性を付与するBtトキシン遺伝子の生産物は，標的害虫と同時に鱗翅目の非標的昆虫にも影響を及ぼす可能性が有ることが問題提起された（Losey *et al*., 1999）．しかし，その後，Btトウモロコシの花粉のリスク評価に関して多くの研究が行われ，オオカバマダラへの影響はほとんど無視できる程度であると評価された（Sears *et al*., 2001；松尾ら，2002）．一方，Btトウモロコシ栽培は，慣行農法と比較して化学農薬の投入量や消費エネルギーの低下などの環境負荷削減という面で大きなベネフィットがある．また，Bt組換え作物は収量や収益の増加，害虫防除の省力化という面からも生産者に受け入れられ，栽培面積が大きく伸びている．この例は，導入遺伝子の機能が環境と関わっている場合にも，リスク評価が適切に行われ，リスク/ベネフィット分析が科学的に行われることの重要性を示している．このことは，また，慣行的条件下で非組換え作物栽培が環境に及ぼす影響を評価する研究（ベースライン研究）についても，組換え植物を導入した場合の環境影響のリスク/ベネフィットを正しく評価，分析するために重要であることを示している．

### （2）影響軽減技術とモニタリング

組換え植物を野外で利用した後に，複雑多様な環境中で予測しなかった何らかの環境影響が生じるかもしれないという懸念がある場合にはモニタリングを実施し，規制等の政策を決定するための判断材料となるデータを収集する．

また，リスク評価によって環境影響が認められる場合に，人為的にその影響を軽減できる技術があれば，それを実施することによって環境影響をどの程度軽減できるかを判断する．米国ではBt組換え作物が大規模に栽培されているが，Btトキシンに抵抗性の害虫の出現が懸念されている．数百万ha規模でBt組換え作物が栽培されている地域にとって，Bt抵抗性害虫が出現することは重大な問題である．このため，Bt抵抗性害虫の発生を抑制する技術（影響軽減技術）が科学的に検討され，Bt組換え作物の栽培と同時に一定の面積割合の非組換え作物を栽培することが義務づけられている．同時に，抵抗性害虫の発生をいち早く検出するためのモニタリングシステムが導入され，実施されている．

（3）規制，指導等の政策決定とリスクコミュニケーション

米国等では前述したような総合的な対策によってリスクを回避し，あるいは最小にしながら組換え作物が利用されている．先進各国では組換え植物の利用に際しては，法的な規制やガイドラインの下で安全性確認がなされ，環境への安全と安心が担保されている．わが国においても，組換え体の利用のために，各種の行政的措置（規制，指導，指針）の下に安全性の確認や安全性

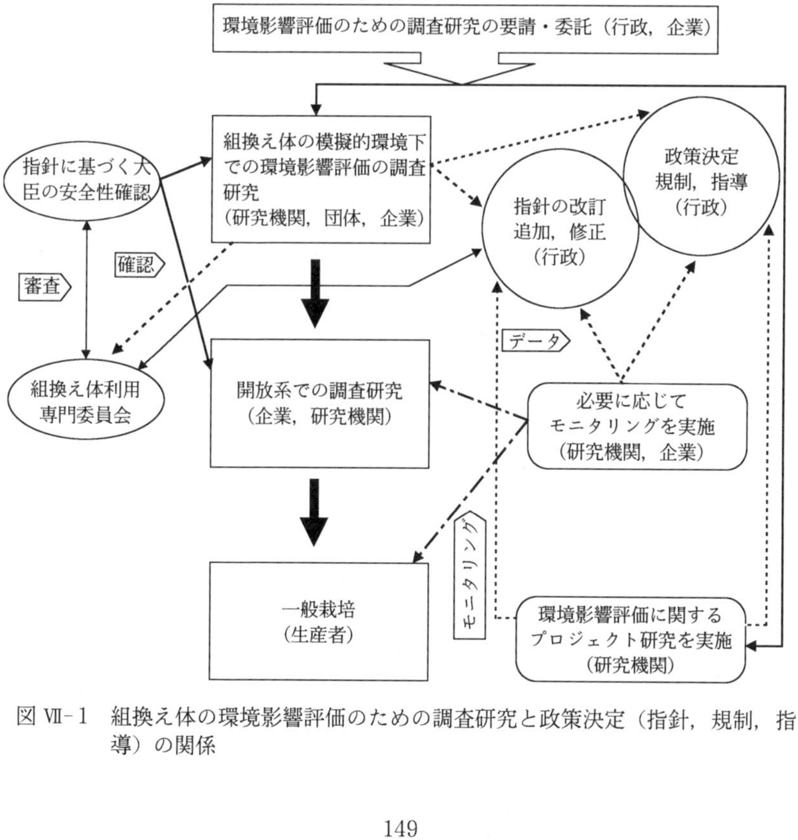


図 Ⅶ-1　組換え体の環境影響評価のための調査研究と政策決定（指針，規制，指導）の関係

評価試験が行われている．一方，行政からの要請により，研究機関等で環境安全性評価に関わる調査研究が行われ，その成果や国際的な動向も含めた広範な情報を基に指針の改訂など，時代に即した組換え体にかかわる行政施策が科学的根拠のもとに展開されている．図Ⅶ－１に行政的措置と調査研究の関係の概念図を示した．

また，調査研究によって得られたリスク評価や評価手法に関する情報が行政，試験研究機関から市民に開示されるとともに，相互に意見交換を行い組

【隔離圃場（模擬的環境）利用】

申請者（開発者，団体，研究者）が各研究機関へ模擬的環境利用計画を提出

↓

各研究機関の業務安全委員会等において隔離圃場利用計画の安全性を検討

↓

申請者が模擬的環境利用計画の安全性確認を農林水産大臣に申請

↓

農林水産省農林水産技術会議事務局での手続き

↓

組換え体利用専門委員会（小委員会）での審議

↓

農林水産省農林水産技術会議事務局での手続き

↓

農林水産大臣による模擬的環境利用計画の安全性確認

↓

申請者への連絡

↓

隔離圃場での環境影響の試験・調査

（調査結果のとりまとめ）

⇩

【開放系利用】

申請者（開発者，輸入業者等）による開放系利用の安全性確認の申請

↓

農林水産省農林水産技術会議事務局での手続き

↓

組換え体利用専門委員会（小委員会）での審議

↓

農林水産省農林水産技術会議事務局での手続き

↓

農林水産大臣による開放系利用の安全性確認

↓

申請者への連絡

図 Ⅶ-２　組換え体の開放系利用に至る安全性確認の手続き

換え体の安全性やリスクを科学的に理解していくための，「リスクコミュニケーション」が十分に機能することによって，環境に関わる組換え体の社会的受容（PA：パブリック・アクセプタンス）が醸成されていくものと考える．

以上のように，導入遺伝子が環境と関わる場合には，上記（3〜4）に述べた基本的な考え方をベースとしつつ，リスク管理という概念を取り入れて環境へのリスクを回避しつつ，社会的にベネフィットの大きな組換え体を利用していくことが，環境保全や持続的農業の発展に役立つものと考える．

## 4．おわりに

現在までのところ，ストレス耐性や環境浄化を目的とした組換え植物の模擬的環境下における調査研究がなされていないので，具体的なデータに基づいて議論することができなかった．最初にも述べたように，新しい遺伝子組換え植物については，これまでケース・バイ・ケースの原則に基づいて環境への安全性が審査されており，今後も１つ１つの実例に対して，農林水産省の組換え体利用専門委員会において判断されていくものと考える（図Ⅶ－2）．その際に，判断の根拠となる科学的知見が１つ１つ積み重ねられていくことにより，環境に対する安全性確認の方法が一層高度化し，明快となって，一般社会の理解も広がっていくものと期待したい．

### 引用文献


1）Crawley, M. J., S. L. Brown, R. S. Hails, D. D. Kohn and M. Rees（2001）Nature, 409, 682-683

2）伊藤隆司, 谷口寿章（2000）プロテオミクス　タンパク質の系統的・網羅的解析. 236pp, 中山書店

3）Kasuga, M., Q. Kiu, S. Miura, K. Yamaguchi－Shinozaki and K. Shinozaki（1999）Nature Biotechnology, 17, 287-291

4）Lee, B. H., Y. Tanaka, T. Iwasaki, N. Yamamoto, T. Kayano and M. Miyano（1998）Plant Mol. Biol., 37, 1035-1043

5）Losey, J. E., L. S. Rayor and M.E. Carter（1999）Nature, 399, 214

6）牧野富太郎（1982）原色牧野植物大図鑑. 906pp, 北隆館

7) 松原謙一編（2000）ゲノム機能，発現プロファイルとトランスクリプトーム．158pp, 中山書店

8) Miyao, M., B.H. Lee, N. Mizusawa and N. Yamamoto（1998）Mechanisms and Effects, 3, 2097 - 2102

9) Morikawa, H., and M. Takahashi（2001）Gamma Field Symposia 39,（in press）

10) Murooka, M., M. Gohya, S – H. Hong, M. Hayashi, H. Ono, M. Tachimoto and N. Hirayama（2000）In "Nitrogen Fixation : From Molecules to Crop Productivity"（eds. Pedrosa *et al.*）. 581pp, Kluwer Academic Publishers, London

11) 日本葉たばこ技術開発協会ホームページ：http : // www.hatabakotda.or.jp/kht34.htm

12) Sears, M. K., R. L. Hellmich, D. E. Stanley – Horn, K. S. Oberhauser, J. M. Pleasants, H. R. Mattila, B.D. Siegfried, and G.P. Dively（2001）PNAS, 98, 11937 - 11942

（萱野暁明・松井正春）

# 補遺：第20回農環研シンポジウム

## 「遺伝子組換え作物の生態系への影響評価研究」<br>－総合討論での主要な質疑内容－

本書の基となった標記の第20回農環研シンポジウムが，平成12年11月に開催された．そこでの質疑，総合討論で出された質問，意見に対して，講演者等から回答や補足説明が行われた．その中で，本書の内容に関連する重要な質疑について，補遺としてここに収録した．

## Ⅰ．Btトウモロコシの花粉飛散について

【質問】松尾さんの試験では，トウモロコシの圃場の設定が36 a（40 m × 90 m）の広さになっていましたが，これがもし10 haとか，20 haとか大きい圃場になった時に，Btトウモロコシ花粉の飛散距離はどう変化しますか．

【川島・松尾（農環研）】風向方向の畑の長さが2倍，3倍になった時に，花粉の量がどれくらい増えてくるかというのは計算可能です．トウモロコシの花粉はそれ程遠くまで飛散せず，近傍に多くが落下するので，圃場から極めて近い所の花粉落下密度は大きく変わってくるのですが，5 m～10 m離れた所では今回調査した結果とほとんど変わってきません．

【質問】松尾さんの講演について，質問というより疑問なのですが，このデータを大きいテーマの中でどのように位置付けていくのか，また，どのように利用されていくのですか．

【松尾（農環研）】今回話しました一連のデータは，リスク評価といいますか，リスクマネジメントにもっていくための手法開発と考えています．特に花粉の飛散距離とバイオアッセイによる毒性調査との関係など，少なくとも1999年から2000年にかけて農環研で行いました調査研究によって，Btトウモ

ロコシ花粉の非標的昆虫に及ぼす影響の最大ポテンシャルを押さえることが出来たと思います．こういう手法の開発が進めば，ある程度，危険性を計算に入れた隔離距離とか，圃場の配置が考えられると思っています．

【質問】Bt トキシンの生産量は組換え体の系統ごとに違います．今回のは事例研究というか，手法としての提供であって，例えばイネであったら，また個々に評価するということなのですか．講演では Bt トウモロコシ花粉が影響を及ぼす範囲は 10 m という具体的な数字が出てきましたが，それが基準となって動き出すということなのでしょうか．

【松尾（農環研）】今回の数値がかってに動き出してしまうというのが，私達の一番困ることです．手法とかプロセスは有効であるということです．

2000 年 3 月 14 日の農林水産技術会議事務局の記者発表（http :// www. s. affrc. go. jp/ docs/ press/ 2000/ press 0314bt.htm）で Bt トウモロコシについての環境影響の評価項目が新しく幾つか出来ましたが，その中に花粉の飛散距離とか，Bt トキシン量を測定するなどの指針が出ています．環境影響評価はケース・バイ・ケースの原則に則って，作物や導入遺伝子が異なる組換え作物の系統ごとに行われることになっています．

【田部井（生物研）】私が農林水産技術会議事務局に勤務していた時に，Bt トウモロコシの花粉が非標的昆虫のオオカバマダラに影響を及ぼすという問題が起こりました．Losey らの報告が環境影響に結びつくことは多分ないだろうという判断はありましたが，実際，花粉がどれくらい飛散し，どの程度の影響があるかを検証してみることになり，農環研に試験をお願いしました．この実験結果を一般化するに当たりいくつかの問題点があります．1 つはこのケースで一般的な研究の方向や指針の中で評価項目を決めてしまってよいものかということです．環境というのは場所によって全て違いますので，全てを網羅するのは基本的に無理ということになりました．しかし，今回の実験が花粉のよく飛ぶ状況下で行われたこと，使われたデントコーンの高さが 3 m ということで花粉の量が非常に多く，よく飛ぶということから考えると，この実験結果は最大リスクをよく表しているのではないかと考えます．

先程，広い圃場の場合での花粉の飛散が指摘されましたが，川島さんのお答えの通り，圃場の端からの飛散距離はほとんど変わりないだろうと推定されました．これを1つのケース・スタディーとして，安全性評価をする時に，どんなデータを求めるかを考える場合，今，ご質問があったように，花粉の発現量が100倍になれば，100分の1の量で同じ効果が出るわけですので，国内栽培をするBtトウモロコシの安全性評価をする時には，花粉の中での発現量，花粉の生産量，発現の検出方法，生育・開花期間そういったものをもっと詳細に求めようということになりました．そういったことで今回の試験結果は最大リスクを表しているという判断がなされたわけです．

## Ⅱ．組換え作物花粉の生物影響試験法について

【質問】Btトウモロコシ花粉のカイコへの毒性試験をやられていますが，実験方法を変えた方がいいのではないかと思います．カイコに花粉を食べさせるには，人工飼料に混ぜて食べさせたらいいと思うのですが，カイコが花粉を消化するかどうか判らないので，まず消化液で花粉を培養して，トキシンが出てくるかどうか調べる必要があります．カイコに花粉を人工飼料に混ぜて経口投与するというのが第1の意見です．第2の意見としましては，花粉を細胞破壊装置などで破壊し，それを人工飼料などに混ぜて食べさせる．といいますのは，私が蚕糸昆虫農業技術研究所に在職していた時に，Btトキシンそのものを摂食させたところ50万倍の差のあるカイコ品種が見つかりました．ご存知のように，Btトキシンにはカイコが歩いていてバタンと倒れるような毒性があります．多分，この実験結果は，トキシンがカイコの腸の中の膜に作用して卒倒を起こさせたのではないかと思います．もう1つの花粉を破壊して，花粉の中にはどれくらいのトキシンが入っているのかという定量的なデータをきちんと示して，それと比較しながら，人工飼料をうまく使って毒性試験を行ったらいいのではないかと思います．

【斉藤（近中四農研）】いろいろと示唆に富むご意見と思います．1つは，私たちも人工飼料に練り込んで試験を行いました．しかし，それでは，明確な実験結果は得られませんでした．今回，モンシロチョウやカイコなどいろんな

チョウ目の昆虫を扱っていますが，生物検定が一番敏感であることが判りました．機器分析では得られなかったような差が生物検定では出てきます．生物検定で一番大変なのは，均一の材料をいかに大量に準備するかということです．そういう面でみますと，カイコというのは，とても有効な材料だと思っています．今回も感受性の高い品種：輪月を使いましたが，それでも良い結果は得られませんでした．これから先，生物検定法を確立していく上で，いろいろ検討していかなければと考えております．

【意見：松井（農環研）】バイオアッセの目的としては，ご意見のように2つあると思います．1つは環境影響調査のための毒性評価としてやる場合です．花粉をそのまま食べさせてみると，糞の中に花粉がたくさん出てきますので，消化されない部分がかなりあります．このことから花粉をそのまま食べさせて，実際に近い状態でBtトウモロコシ花粉のチョウの幼虫への影響を見る必要があります．もう1つは，トキシンがどれくらい花粉に発現しているかということで，このための生物活性による測定法として，先程のご意見のような花粉を破壊して調べるやり方もあるかと思います．

【斉藤（近中四農研）】もともと問題になったのが，アメリカのオオカバマダラですが，こちらでもマダチョウ科についてやってみたかったと思っています．先ほど示しましたが，カイコの品種のなかにも非常に差があるということから考えますと，モンシロチョウ，カイコ，アゲハチョウ，ヤマトシジミですとある程度数が確保でき，それなりにいい検定が出来たと思います．

【意見】食べさせて云々という場合，実際はこれくらい食べさせても消化されないで出てしまうとか，これくらいのトキシンが入っていると1万分の1くらいで死んでしまうとかいう具体的な数字をきちんと公表することによって国民が納得します．カイコで標準的な試験法ができれば，他のところにも応用できるのではないかと思います．

# Ⅲ．遺伝子組換え作物の交雑について

【質問：松尾（農環研）】*B. napus* と *B. juncea* の関係は山根さんのお話の通りだと思うのですが，日本の場合は *B. rapa* と *B. napus* との関係も注意しなくてはならないと思います．日本では春の風物詩としてナタネを播くという習慣がありますので，それを見ていますときちんと管理されているとは思えないのです．また，交雑実験では３％という低い値ですが，そこで自家採取をしますと，ジーンプール（組換え遺伝子の供給源）として残る可能性もあるのではないかと考えますが，如何でしょうか．

【山根（日本モンサント）】もし日本で *B. napus* を植えて，そのそばに *B. rapa* があれば，そういう可能性もあると思います．ナタネが綺麗なので観賞用に植えたものの種子を採っていくと組換えナタネ品種であるラウンドアップレデーのものが残っていくということはあり得ると思います．ただそれは，非選択性除草剤ラウンドアップを撒いた場合にそういうものが増えていくわけです．*B. rapa* が植えられている畑には，現在日本では *B. napus* は植えられておりませんので，誰かがそうした栽培をしない限り，そういう事は起こり得ないということになります．仮にそういうことが起った場合でも，誰かがラウンドアップをかけない限り，数多くの交雑した *B. rapa* が残るということは起こり得ないと考えております．我々人間がきちんと管理している限り，ジーンフロー（組換え遺伝子が交雑を通じて近縁種へ拡散していくこと）の問題はその段階で止まるのではないかと思っております．その点ではまだまだ議論が必要ではあると思います．

【質問】圃場での花粉の伝達試験で，一応，ポリネーター（花粉を他の植物個体に運んで受粉させる昆虫など）といいますか，花粉媒介者がたくさんいたという話ですが，そこの定量性が問題になるかもしれません．それと一般的にいうとミツバチは 1 km ぐらい飛ぶだろうという話もあり，大きくみれば，何万粒のうちの幾つかということになると思います．1 km 離れたところに 1 つ出るかという議論になりますと，その可能性はあるのですか．

【山根（日本モンサント）】最初の花についてから途中とまらずに1 km先にいくということはミツバチの行動パターンからは考え難いと言えようかと思います．それでも可能性がゼロでないと言われるとその通りで，かなりの距離でも少しは出てきます．しかし，あくまで *B. napus* 同士の形であって *B. juncea* や *B. rapa* 等の近縁種との交雑率は低くなり，可能性が低いと結論付けられると思います．

## Ⅳ．組換え微生物の遺伝子拡散について

【質問】澤田さんへの質問が2つあります．1つ目は *argK* の周辺の塩基配列を調べた場合，溶原化したファージのかけらとか，トランスポゾンの痕跡とか，何らかの水平移動を示すデータは得られないのでしょうか．2つ目は *Pseudomonas syringae* では，ゲノムサイズが大きく異なっている菌株が1つの種に分類されているはどういう理由なのでしょうか．

【澤田（農環研）】まず1つ目ですが，転移に関する構造を見つけようと思いまして，現在 *argK* を含むクラスターの周辺を網羅的に調べ，構造を解析しています．2つ目の質問ですが，分類の方では，ある一定の基準が満たされれば，同じ種だとか，この程度の違いだと，種内の変種レベルの違いとか，そういった分類基準があります．それを私が使った *P. syringae* の菌株に当てはめると，分類学的には全て同じ種と言うことになってしまいますが，生物学的にそれでいいかということになりますと，それは別の問題だと思います．

## Ⅴ．組換え作物の雑草性について

【質問】環境に対して適応性の高い作物を作っていく場合，問題になるのは，環境に対して適応性が高いわけですから，自然条件下でも生き残っていく可能性が高くなるわけです．今の指針などで考えると，雑草性（雑草は農耕地で作物の生育に害を与える植物群であり，雑草性とは雑草として生育・繁殖しやすい性質）というものが大きな項目として出て来ると思います．その点については，どの様に評価していくのですか．雑草性がないということは，組換え植物として有利な点となるかと思います．また，環境に対する抵抗性

というところで物理化学的な要因を上げられたのですが，実際には生物学的なウイルス抵抗性とか病害抵抗性とかも，自然環境下で残っていく可能性があるわけで，それが雑草化するかどうかは大きな問題だと思います．これは田部井さんにうかがった方がいいかもしれませんが，先程のパパイヤの例でパパイヤが越冬して生き残る確率が高くなると思うのですが，アメリカにおける評価というのはその辺で問題にならなかったのでしょうか．日本でもこれから開発していく場合に，よいケース・スタデーになると思います．

【萱野（農林水産技術会議事務局）】最初の質問に関しては，指針の上では「雑草性がない」と定義しているのですが，農水省の場合，栽培管理をしているものが管理をしていない所に移っていかないようにという観点ではないかと思います．そうしますと，私がお話した高温耐性タバコを例にとって考えますと，温度が上がって，たとえ優占種になっても，管理出来ない状況になるとは考えにくいので，雑草性というカテゴリーにはあたらないものと考えられます．

後半に関しましては，アメリカでパパイアリングスポットウイルス（パパイアの果実などに輪状の病徴を引き起こし商品価値を低下させるウイルス病で，アブラムシによって媒介される）に抵抗性のある遺伝子が組み入れられましたが，地域でそのようなパパイアが増えることはむしろ好ましいことであって，これが環境に対してインパクトを与えることはないし，パパイアでハワイ全体が覆われるとも考えにくいので，そういった判断がアメリカではあったのだろうと思います．

## Ⅵ．組換え体の長期影響評価について

【質問】三田村さんは，組換え作物の環境影響として，雑草化問題，交雑問題など７つのトピックスを上げられています．その中で気になるのは生態系への長期影響がキーワードとして出てきています．生態系への長期影響というのは，残りの６つについて長期的に見ていくというのか，もっと未知のリスク項目があって，それを見る為に長期影響を評価するのか，それをはっきりさせ，科学的にきちんとさせていかないといけないと思います．

【三田村（農環研）】おっしゃる通りです．長期影響というのは漠然としているので，その中の何が長期影響するのかをはっきりさせないと駄目だと思います．私としてはスケールアップした場合には，ジーンフローを中心にもう少し見ていく必要があると思います．

【意見】長期影響はOECDでも問題になっています．具体的には組換え樹木のコンセンサス・ドキュメントが作られています．ポプラとかトウヒで出来ています．最初の目的は樹木におけるベースラインを生物的な性質として示すことで，それをどの国も最低限度認め合うことです．ただ，樹木であるために，長期影響の問題を考えた場合，遺伝的変異が他殖のために起こった変異なのか，組換え体に他殖がプラスされて起きた影響なのか，それを見分けるのは非常に難しいことです．これをノルウェーのシンポジウムで質問したのですが，遺伝的にヘテロな集団に組換え体を入れてもベースラインをきちんと押さえておかないと，長期的環境影響を押さえられないのではないかということです．一年生作物についても長期的ということをいいますが，先程山根さんの言われたような考え方が必要かと思います．ですから，長期的影響を押さえるためには，非組換え体におけるベースラインをきちんと押さえておく努力が足りないのではないかという反省で行われています．OECDがG8からの要求で5つくらいの資料を出しましたがこの点が問題として残されています．

【意見：田部井（生物研）】今のお話のように長期的影響を考えるということでノルウェーのワークショップに参加しましたが，今回の報告のようにはっきりとした答えは出ませんでした．先程から言っていますように，自然自体はそれだけでも変わっていくわけなので，その中に，組換え体を入れてさらにその速度を速めるのか，また，その変化は，組換え体によるものなのかをはっきりさせるのが長期的影響を調べることでしょう．しかし，その手法がはっきりせず，安全性評価というプロジェクトの中では，その基になる，集めるべき情報が議論されるべきだと思います．

【意見】先ほどのご意見のようにジーンフローというのは，あるという前提にたってみるとある意味ですっきりしました．例えばイネに関して言うとジーンフローというのは野生種にはないと言われてきましたが，赤米などのように交雑して混じるものがあります．山根さんは生態学的な優位性は余りないという風におっしゃいましたが，タンポポのような外来種と日本種との競争をみると，極くわずかな有意差が100年ぐらい経つと大きな意味をもってくると思います．

【山根（日本モンサント）】遺伝子組換え作物を考える時，絶対忘れていけないのは，今栽培されている作物との比較です．ダイズにしても，ナタネにしても，イネにしても，ずっと栽培されてきたわけです．我々は，遺伝子組換えにした時，今まで栽培してきたものに対して，リスクが高まるかどうかという議論をしていかなくてはならないと思います．今まで，日本人はずっとイネを作ってきましたが，それが生態系に関してどういう影響があったのか，遺伝子組換えにしたらそのリスクが高まるかどうかということを考え議論をしていかないといけないと考えます．現在は遺伝子組換え技術によって新しい植物が出てきて，その植物をどう評価していくのか，長期的なインパクトは見なくてはいけないのではないかというような議論になっているような気がします．やはり今までの農業はこうだったからそれに対してどういうリスクが生まれるかというような検討をしていかなくてはいけないような気がします．

【松尾（農環研）】基本的に遺伝子は拡散する可能性がありますが，その程度が重要になってくると思います．その際，生態的に問題になってくるのは，組換え体，非組換え体，特に組換え体の場合はどんな遺伝子を入れるかということです．作物によって影響は違ってくると思います．

【山根（日本モンサント）】その通りだと思います．どういう遺伝子を入れるかによって変わってくる部分はあります．環境安全性というのはケース・バイ・ケースでやらなくてはならないし，遺伝子によって考えなくてはならない部分があるだろうと思います．過去の事例を見てみると，病気に強い品種を作ってそれが野生種と交雑すると，病気に強い野生種が出てくるわけですから，過去の事例に基づいて考えなくてはならないと思います．害虫に抵抗性のあるもの，ウイルスに抵抗性のあるものなどが開発されてきています．

そういうものが農業場面でどうだったか，また近縁種にどう移っていったのか，こうしたことを踏まえ組換え体でリスクが高まるのかというような議論が必要ではないかと思います．

【質問】ケース・バイ・ケースという話しは判るのですが，三田村さんの話しで一次作物，二次作物というのがありました．今は一次作物がほとんどだと思いますが，今後二次作物を栽培する場合，近縁種に強害から弱い程度の雑草まである場合，組換え体が出来た時，弱害でも強害になる可能性があると思います．そういう場合に，従来の環境影響評価では出来ないベネフィットの評価も考え，それと相対的なリスクの評価を行って組換え体を作っていくことになると思います．それで考え方としてはリスクとベネフィットを考えていけばよいのでしょうか．雑草化の可能性があれば難しくなるのでしょうか．今後二次作物までいった場合の考えをお聞かせください．

【三田村（農環研）】二次作物の多くのものが全て雑草化したり，近縁種と交雑したりするとは言えませんが，それがどれくらいあるのか，どのような影響があるのかについて日本には十分なデータがありませんので，そのデータを蓄積しなくてはなりません．ですから組換え作物ができたから，開放系に移すのはまずいとするのは，今までの論議の通り，導入する遺伝子の形質が環境に大きく影響を及ぼすのかどうか，例えば低温抵抗性のような不良環境耐性等が雑草化に大きく影響する場合には，ストップというよりトレーサビリテイーというか，一度圃場に出してみてそれを長期的に調査していくという体制をとってもいいのではないかと思います．

## Ⅶ．組換え作物の環境影響評価について

【質問】キクという品目がありますが，キク科の雑草もありますし，種間雑種も比較的容易で，そういうものの組換え体を扱う場合，県レベルではとても無理です．耐病性を入れたりしますと，雑草化した場合に残存しやすくなることがありますので，そのような品目に関してはどの辺までやればいいかという指針がありましたら教えていただきたいのですが．

【萱野（農林水産技術会議事務局）】花の場合は食物ではないので安全性評価が緩いという誤解があるのですが，それは反対です．キクにしろ他の花にしろ温室の中で栽培されるので遺伝子のフローがないと思われがちで，データはないけど認めて欲しいという案件に関して私達は非常に慎重になっています．切り花として販売された後，花が咲いて花粉が飛ぶこともありますので現状としてはきちんと調べて欲しいとお願いするほかありません．もう１つの問題はキクに限らず，花の場合は組織培養を経由すると形質がどんどん変わっていくことが多いので，現在の安全性評価指針によるとちょっと認めにくいという例が多く出ています．また，キクは切り花で出荷するといいましても，株は残っていますので，厳密に温室の中で栽培する場合を除いて，現在の指針の項目についてはきちんと調べる必要があると思います．それ以外に回りの植物と交配する可能性がないという別の判断基準があれば，申請を出していただいて，そこで考えるということになります．現在のところ，科学的データがないということと，組織培養をすると細かい性質が変わるということで，項目にふれることが多いので，普通に考える以上にデータを用意していただければと思います．

【質問】山根さんに伺いたいのですが．先程カラシナの話のことで，カラシナと実際交配が出来るし，カラシナ自身が雑草化するということもあり得るわけですね．しかし，常識的な栽培をしていれば，雑草化することはないという風におっしゃっていました．こういうことは栽培のやり方と関係しているのではないかと考えます．例えば，アメリカなどでは，栽培法まで踏み込んだ指示を出しているのかどうか伺いたいのですが．

【山根（日本モンサント）】カナダやアメリカで栽培に関して特別な指示をしているのかということでは，特にはないと思います．ただ農家の方はこれを使っていくとどういうリスクがあるかという点は認識されていると思いますし，農務省関係者もそこに関しては，いろいろな助言をしていると思います．あとは実際の生産場面ですが，基本的に輪作をしていますので，輪作が雑草化を防いで，解決していることもあると考えます．

【意見】今の質問ですけれども，カナダの例では圃場に組換え作物・非組換え作物を作りそれを１シーズン作った後放置して，次のシーズンに自然に生えてくるのを見るということが繰り返されて，それを自然にコントロールできなくなった時が雑草化という風になっています．実際行ってみたところでは，組換え，非組換えのプロットを作り，次にどうなるかを何度も調べて，非組換えに比べてコントロール出来ないことは無いという場合に雑草化はないということになります．それから他の種に対する侵略性ということですが，他の種も同時に播いて，組換えと非組換えの区の中で，組換えの区が非組換えの区に比べて明らかに他の種を浸食しているかどうかを見ていきます．それが変わらなければ，侵略性は変わらないということになります．

【萱野（農林水産技術会議事務局）】今の安全性評価というのは，例えばウイルスの外皮タンパクを入れるとか，除草剤耐性を入れるかということになりますと，その部分の特性は新しく加わりますが他の性質は変わらない，生育特性も元の作物に比べて有意差がない，仮にあったとしても従来の作物の変異の幅に入っていることをもって差がない，つまり他の性質が変わらなければ環境に対する影響は対照の非組換え作物と同程度だという基本的な考えがあります．これからは，差があったときにどうなるのか，つまり越冬性がないということで雑草性がないということになってきたのですが，仮に雑草性がついた場合はどうするのか，これからストレス耐性などをつけた場合に雑草性も出てくることがあるわけです．そうなった場合，次に考えることはコントロール出来るかどうかではないかと思います．全くコントロール出来ないものが出てきた場合には認めるのは難しいでしょうが，ここの部分が次の判断基準になるのではないかと思います．少し先取りしたようなことも含めましたが，今の安全性評価というのは基本的に非組換え体との比較で行っているということです．

# 資料：遺伝子組換え体の安全性に関連する事柄の年表

| 西暦 | 世　界 | 日　本 |
|---|---|---|
| 1972 | ・初めての遺伝子組換え実験<br>・ベクター法による遺伝子組換え | |
| 1973 | ・コーエン，ボイヤーが大腸菌の形質転換に成功<br>・米国のアシロマで会議が開催され，バイオハザードの防止方法（物理的，生物的封じ込め）を提案 | |
| 1975 | ・アシロマで初めてバイオハザードに関する国際会議 | |
| 1976 | ・米国で組換えDNA実験指針を発表 | |
| 1979 | ・遺伝子組換え大腸菌でヒト成長ホルモンを生産 | ・科学技術会議が「組換えDNA実験指針」を公表 |
| 1983 | ・アグロバクテリウムによってT-DNAを植物へ遺伝子組換えすることに成功 | |
| 1987 | ・世界で初めて氷核形成蛋白質を除去した遺伝子組換え細菌の野外実験 | |
| 1988 | ・食品関係で初めて遺伝子組換えの実用化（チーズ製造過程で利用される酵素キモシン） | ・農林水産省農業生物資源研が遺伝子組換えTMV抵抗性トマトの作出に成功 |
| 1989 | ・米国で遺伝子組換え微生物によって生産された不純物による「トリプトファン事件」の発生 | ・農林水産省が「農林水産分野等における組換え体の利用のための指針」を公表 |
| 1990 | ・遺伝子改変生物の意図的環境放出に関するEU理事会指令の採択 | ・農林水産省農業環境技術研究所にわが国で初めて遺伝子組換え体用の隔離圃場設置 |
| 1991 | | ・厚生省が遺伝子組換え食品の安全性評価指針を公表 |
| 1992 | ・生物多様性条約の署名 | ・農林水産省が国内で開発されたTMV抵抗性トマトの一般栽培を初めて認可 |
| 1993 | | ・生物多様性条約を受諾 |
| 1994 | ・米国で初めて遺伝子組換えトマト「フレーバーセーバー」の販売 | ・厚生省が初めて遺伝子組換え微生物生産物（キモシン）の安全性を確認 |

| 西暦 | 世　界 | 日　本 |
|---|---|---|
| 1995 | ・米国環境保護庁が遺伝子組換えコーン，ワタ，ジャガイモを商業栽培用に登録 | ・農林水産省が遺伝子組換え低アレルゲン米の一般栽培を認可 |
| 1996 | ・米国で遺伝子組換え作物の商業栽培が本格化<br>・ミッケルセンらは遺伝子組換えナタネが近縁雑草と交雑し，雑草が除草剤耐性を獲得すると報告 | ・厚生省がダイズ，ナタネなど7種の遺伝子組換え食品の安全性を確認 |
| 1997 | ・EUが「新規食品及び新規食品成分に関する規則」を制定し組換え食品の表示義務化 | ・農林水産省が遺伝子組換え色変わりカーネーションの一般栽培を認可 |
| 1998 | ・英国ロウェット研究所パシュタイがレクチンを導入したジャガイモを摂食したラットの免疫力低下と発育障害を発表 | |
| 1999 | ・ローゼイらがBtコーン花粉がオオカバマダラへ影響を及ぼす可能性を報告<br>・欧州委員会はBtコーンの新たな認可を凍結 | |
| 2000 | ・Btコーン品種「スターリンク」の混入問題が発生 | ・農林水産省がBtコーンの環境影響評価項目に花粉に関係する影響評価項目を追加<br>・市民が参加した「遺伝子組換え農作物を考えるコンセンサス会議」開催 |
| 2001 | ・生物多様性条約バイオセイフティ（カルタヘナ）議定書の採択 | ・改正JAS法により遺伝子組換え食品の表示の義務化<br>・食品衛生法が改定され，遺伝子組換え食品の安全性審査の法的義務づけ<br>・カルタヘナ議定書に対応するための国内措置の整備に向けた検討を農林水産省などが開始 |

# 執筆者一覧


| | |
|---|---|
| 三田村　強 | 農業環境技術研究所 |
| 斉藤　修 | 農業技術研究機構近畿中国四国農業研究センター（元農業環境技術研究所） |
| 松尾和人 | 農業環境技術研究所 |
| 川島茂人 | 農業環境技術研究所 |
| 大津和久 | 農業環境技術研究所 |
| 松井正春 | 農業環境技術研究所 |
| 山本勝利 | 農業工学研究所（元農業環境技術研究所） |
| 大黒俊哉 | 農業環境技術研究所 |
| 松村　雄 | 元農業環境技術研究所 |
| 山根精一郎 | 日本モンサント株式会社 |
| 柏原洋司 | 日本モンサント株式会社 |
| 眞鍋忠久 | 日本モンサント株式会社 |
| 田部井　豊 | 農業生物資源研究所 |
| 澤田宏之 | 農業環境技術研究所 |
| 萱野暁明 | 農業生物資源研究所（元農林水産技術会議事務局） |

## ―編集幹事―

河部　暹・岡　三徳・松井正春・塩見敏樹・松尾和人

2003
農業環境研究叢書
第14号
遺伝子組換え作物の
生態系への影響

検印省略

©著作権所有

本体 4000 円

2003 年 3 月 25 日　第 1 版発行

著 作 者　茨城県つくば市観音台3-1-3
独立行政法人農業環境技術研究所

発 行 者　株式会社　養　賢　堂
代 表 者　及 川　清

印 刷 者　株式会社　丸井工文社
責 任 者　今井晋太郎

発 行 所　〒113-0033 東京都文京区本郷 5 丁目30番15号
株式会社 養 賢 堂
TEL 東京(03)3814-0911 [振替00120
FAX 東京(03)3812-2615 [7-25700
URL http://www.yokendo.com/

ISBN4-8425-0346-7 C3061

PRINTED IN JAPAN　製本所　株式会社丸井工文社